Rによる
統計的
検定と推定

内田 治＋西澤英子［共著］

本書を発行するにあたって、内容に誤りのないようできる限りの注意を払いましたが、本書の内容を適用した結果生じたこと、また、適用できなかった結果について、著者、出版社とも一切の責任を負いませんのでご了承ください。

本書に掲載されている会社名・製品名は一般に各社の登録商標または商標です。

本書は、「著作権法」によって、著作権等の権利が保護されている著作物です。本書の複製権・翻訳権・上映権・譲渡権・公衆送信権（送信可能化権を含む）は著作権者が保有しています。本書の全部または一部につき、無断で転載、複写複製、電子的装置への入力等をされると、著作権等の権利侵害となる場合があります。また、代行業者等の第三者によるスキャンやデジタル化は、たとえ個人や家庭内での利用であっても著作権法上認められておりませんので、ご注意ください。

本書の無断複写は、著作権法上の制限事項を除き、禁じられています。本書の複写複製を希望される場合は、そのつど事前に下記へ連絡して許諾を得てください。

(社)出版者著作権管理機構
(電話 03-3513-6969、FAX 03-3513-6979、e-mail: info@jcopy.or.jp)

JCOPY ＜(社)出版者著作権管理機構 委託出版物＞

はじめに

　データを統計的に解析する手法の中で最も使用頻度が多く、かつ活用分野の広い手法が、仮説検定あるいは有意性検定と呼ばれる統計的方法である。この方法は通常、検定と略して呼ばれている。検定は統計解析の最も基本的な手法でもあり、データを統計的に処理しなければならないという人は、必ず身につけておくべき手法である。

　検定には多くの種類があり、解析の目的とデータの性質に応じて使い分ける必要がある。電卓による筆算で結果を出していた時代は去り、パソコンを使えば、瞬時に検定の結果が得られる時代となった。検定を使いこなせるかどうかは、計算の問題ではなく、どの検定方法を用いるかという使い分けができるかどうかの問題になってきている。

　本書は検定の中でもよく使われるものを取り上げて、例題形式により解説している。例題を用いることで、検定の使い分けに役立つものと考えている。

　本書は、統計ソフトウェアRを使って検定を行いたい、あるいは検定の勉強をしたいと考えている人を対象にした書籍である。

　Rは統計解析用に開発された言語で、無料で入手、利用することができる。フリー版という位置づけをすることができる。Rの利点は、無料で使用できること、よく用いられる基本的な手法から、多変量解析、データマイニングといった高度な手法まで網羅していること、Windows、Linux、Mac OSなど、ほとんどすべてのOSのもとで稼働することである。

　本書の構成は以下のとおりである。

　第1章では、Rの入手方法や基本的な操作方法について解説している。

　第2章では、検定の考え方を解説している。検定を理解するためには、前提として、平均値や標準偏差といった基本的な統計量に関する知識と、正規分布に代表される確率分布に関する知識を身につけている必要がある。本書では、そのことを前提としていることをご了解いただきたい。そのうえで、検定の基本となる考え方を解説している。

　第3章は、よく使われる検定手法とRによる実施方法を例題形式で紹介している。

　第4章は、ノンパラメトリック法と検定手法を紹介している。検定手法の多くはデータの集団が正規分布していることを仮定して、理論が構築されている。

一方、この章で紹介するノンパラメトリック法は、特定の分布を仮定しない手法である。

第5章は、多重比較と呼ばれる検定手法を紹介している。多重比較は、複数の比較を同時に行う検定で、特に実験データの解析によく使われている。

第6章は、検出力と例数設計について述べている。検出力とは、検定の結果、有意な差があるとする確率のことである。ここでは、Rを使って検出力を求める方法を解説している。例数設計とは、検定に必要なデータの数を決めることで、この計算は検出力に基づいて行われている。

最後に、付録として以下の4つの内容を収録した。

付録A　Excelによる検定結果とRによる検定結果の対比
付録B　Rを使う上での便利なツールの紹介
付録C　Rの乱数を使ったシミュレーション的な学習方法
付録D　ブートストラップ法による区間推定の方法

本書は検定と推定という手法に限定して解説したものであるから、その前提となる統計的な知識についての解説は省略している。したがって、前提としている基礎的知識については、統計学の入門書により、習得しておいていただきたい。

事前に学習しておいていただきたい検定と推定の前提となる基礎的知識とは、次のとおりである。

①基本的な統計量を用いたデータの要約方法に関する知識
　基本的な統計量とは、平均値、中央値、偏差平方和、分散、標準偏差のことを指している。
②正規分布と確率計算に関する知識
　測定して得られるようなデータを計量値と呼んでいる。計量値のデータは、正規分布と呼ばれる分布に従うことが多い。このため、検定と推定の手法も、データが正規分布していることを前提としているものが多い。正規分布を仮定することで、たとえば、体重が60kg以上の人が出現する確率などを計算することができる。また、本書で登場するt検定やF検定と呼ば

れる検定手法は、t分布やF分布に基づいて確率計算が行われているが、これらの分布も、もとのデータは正規分布に従っていることを前提としている。

③二項分布と確率計算に関する知識

数えて得られるようなデータを計数値と呼んでいる。計数値のデータに関する検定手法は、二項分布とポアソン分布を仮定して確率計算が行われる。

以上の知識は、検定と推定を理解するうえでの基本となることであることに留意していただきたい。本書は、これらの知識については、学習済みであることを前提としている。

さて、本書では、検定と推定の実施に先立ち、データのグラフ化という作業も重視している。グラフ化する最大の利点は、外れ値（飛び離れて大きな、あるいは小さな値）の発見にある。データの中に外れ値が存在していると、その影響により、解析の結果は信用できないものとなってしまうので、外れ値の吟味は検定や推定を実施するうえで非常に重要な作業となる。

本書が検定をRで実施しようとしている読者の一助になれば幸いである。

2012年5月

内　田　　　治
西　澤　英　子

目次

はじめに iii

第1章 Rの基礎知識　　1

1.1 Rの基本 2
1.1.1 Rとは 2
1.1.2 Rのインストール 2
1.1.3 パッケージの追加 6

1.2 データの準備 13
1.2.1 計算式の代入 13
1.2.2 データの入力 13
1.2.3 データフレームの作成 15
1.2.4 データファイルの読み込み 16
1.2.5 Excelファイルの読み込み 18

第2章 統計的検定入門　　21

2.1 検定と推定の考え方 22
2.1.1 仮説検定の概要 22
2.1.2 検定の種類 26
2.1.3 検定の選択 27

2.2 検定の実際例 30
2.2.1 母平均に関する検定 30
2.2.2 母割合に関する検定 32

第3章 Rによる検定と推定の実践　　35

3.1 1つの平均値（母標準偏差未知） 36
例題 1つの平均値 36
検定の手順 36

		Rの操作 37
		検定の結果 38
		関数の中身 39
3.2	**2つの平均値（等分散仮定あり）** **40**
	例題 母分散が等しい2つのグループの母平均比較 40
		検定の手順 41
		Rの操作 42
		検定の結果 43
		関数の中身 44
3.3	**2つの平均値（等分散仮定なし）** **45**
	例題 母分散が異なる2つのグループの母平均比較 45
		検定の手順 46
		Rの操作 47
		検定の結果 48
		関数の中身 49
3.4	**2つの平均値（対応あり）** **50**
	例題 2つのグループ（対応あり）の差 50
		検定の手順 51
		Rの操作 52
		検定の結果 54
		関数の中身 54
3.5	**2つの分散** **56**
	例題 2つのグループの分散比較 56
		検定の手順 56
		Rの操作 57
		検定の結果 58
		関数の中身 59
3.6	**3つ以上の分散** **60**
	例題 3つ以上のグループの母分散比較 60
		検定の手順 60
		Rの操作 61
		検定の結果 62
		関数の中身 63

3.7 一元配置分散分析 64
例題 一元配置分散分析 64
検定の手順 64
Rの操作 65
検定の結果 67
関数の中身 67

3.8 二元配置分散分析（繰り返しなし） 69
例題 二元配置分散分析（繰り返しなし） 69
検定の手順 69
Rの操作 70
検定の結果 73
関数の中身 73

3.9 二元配置分散分析（繰り返しあり） 75
例題 二元配置分散分析（繰り返しあり） 75
検定の手順 75
Rの操作 76
検定の結果 79
関数の中身 79

3.10 相関分析 81
例題 無相関の検定 81
検定の手順 81
Rの操作 82
検定の結果 83
関数の中身 84

3.11 1つの割合 86
例題 1つの母割合 86
検定の手順 86
Rの操作 87
検定の結果 87
関数の中身 88

3.12 2つの割合 89
例題 母割合の差 89

	検定の手順	89
	Rの操作	90
	検定の結果	90
	関数の中身	91
3.13	**クロス集計表（分割表）**	**93**
	例題 クロス集計表	93
	検定の手順	93
	Rの操作	94
	検定の結果	96
	関数の中身	96

第4章　ノンパラメトリック検定　　97

4.1　ノンパラメトリック法の概要 ... 98
- 4.1.1　ノンパラメトリック法の適用 ... 98
- 4.1.2　検定の種類 ... 99

4.2　ノンパラメトリック法の実際 ... 101
- 4.2.1　ウィルコクスンの順位和検定 ... 101
- 4.2.2　ウィルコクスンの符号つき順位検定 ... 104
- 4.2.3　ムッド検定 ... 106
- 4.2.4　クラスカル-ウォリス検定 ... 107
- 4.2.5　フリードマン検定 ... 109
- 4.2.6　マクネマー検定 ... 111
- 4.2.7　シャピロ-ウィルク検定 ... 114
- 4.2.8　Rのノンパラメトリック検定関数 ... 115

第5章　多重比較　　117

5.1　多重比較の概要 ... 118
- 5.1.1　分散分析と多重比較 ... 118
- 5.1.2　多重比較の方法 ... 121

5.2　多重比較の実際 ... 124
- 5.2.1　テューキーのHSD法 ... 124

5.2.2 ボンフェローニ法とホルム法 125
5.2.3 ダネット法 128

第6章 検定の検出力 　131

6.1 検出力の概要 132
6.1.1 検出力の考え方 132
6.1.2 検出力の計算 133
6.2 検出力の実際 136
6.2.1 母平均に関する検定 136
6.2.2 2つの母平均の差に関する検定 138
6.2.3 対応のある2つの母平均の差に関する検定 140
6.2.4 一元配置分散分析 142
6.2.5 割合に関する検定 144

付録A Excelによる検定 　147

A.1 2つの平均値の差の検定 148
A.2 対応のある2つの平均値の差の検定 151
A.3 2つの分散の比の検定 153
A.4 一元配置分散分析 155
A.5 二元配置分散分析（繰り返しなし） 157
A.6 二元配置分散分析（繰り返しあり） 159

付録B R関連の便利ツール 　163

B.1 Rcmdr（Rコマンダー） 164
B.2 RExcel 167

付録C　Rを用いたシミュレーション的学習　169

- **C.1** 正規乱数 **170**
- **C.2** 検定のシミュレーション **174**

付録D　Rによるブートストラップ法と区間推定　181

- **D.1** リサンプリング法による標準誤差の推定 **182**
- **D.2** ブートストラップ法の実際 **184**

　索引 189
　例題索引 194

第1章

Rの基礎知識

1.1 Rの基本

1.1.1 Rとは

　Rは、コンピュータ言語として開発されたフリーのソフトウェアである。R言語やR環境という表現が使われることもある。データ操作、データ解析、グラフィックス機能が非常に優れており、その環境の中に統計計算を行うためのさまざまな手法が実装されている。

　プログラムコードを公開しているオープンソースであるため、世界中のユーザがプログラム開発や検証に参加することが可能である。そのため、最新の計算手法なども非常に短期間のうちにR上で実現することが可能となるのである。

　Rの最大の魅力は、ソフトウェアを無料で使うことができる点であろう。大学など教育機関での利用にとどまらず、近年ではビジネス現場での利用も増えつつある。さらに、市販のソフトウェア上で、Rを実行することが可能となる機能も強化されつつある。

1.1.2 Rのインストール

　Rのプログラムは、インターネットを経由して、CRAN（Comprehensive R Archive Network、http://cran.r-project.org/）から無料でダウンロードすることができる。CRANにはRに関するさまざまな情報が掲載されているので、Rを使用する場合には定期的にチェックするとよい。また、CRAN上の情報と同じ情報をもっているサイト（ミラーサイトと呼ぶ）が世界のさまざまな国に存在している。ダウンロードする場合の通信時間を考慮すると、近場のミラーサイト（日本は兵庫教育大学、筑波大学などにある）を利用したほうが便利である。

手順1 画面左側の「Mirrors」を選択する。

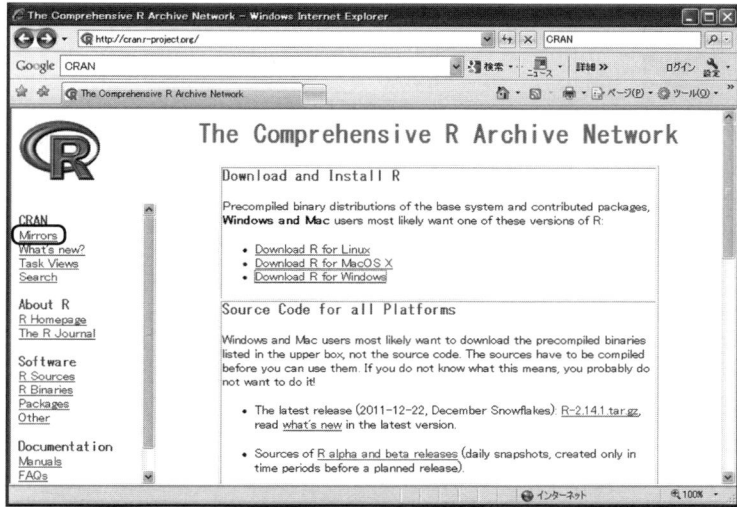

CRANサイトのトップページ

手順2 画面右側から近場のミラーサイトを選択する（この手順では筑波大学のミラーサイトを選択する）。

CRANミラーサイトの一覧

CRAN上に専用リンクが存在するので、そのリンクを使用し、インストールする対象コンピュータのOSシステムに合わせてインストールを実行する。

手順3 ダウンロードのリンクを選択する（この手順では「Download R for Windows」を選択する）。

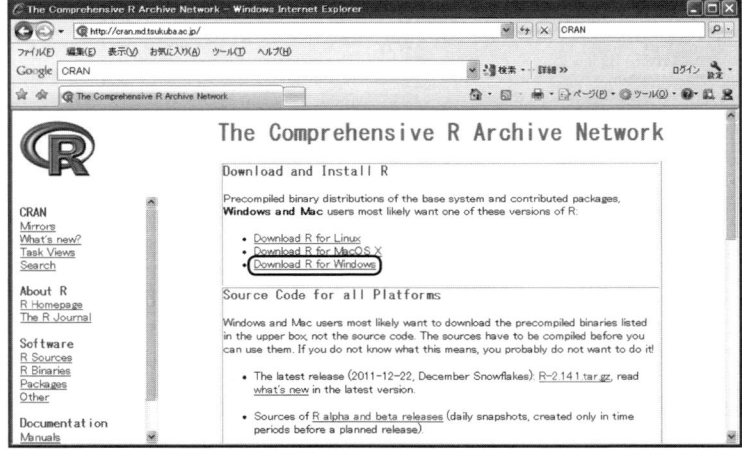

CRAN（筑波大学ミラーサイト）のトップページ

1.1 Rの基本　5

手順4　「install R for the first time」を選択する。

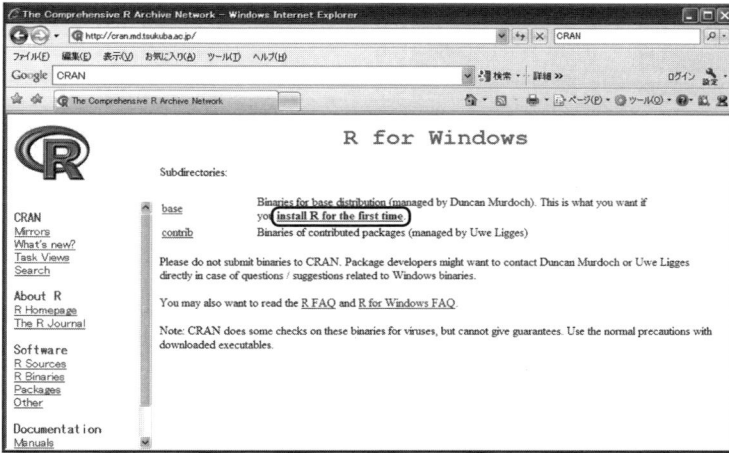

Windows版Rのインストールを開始する

手順5　「Download R 2.14.1 for Windows」を選択する。

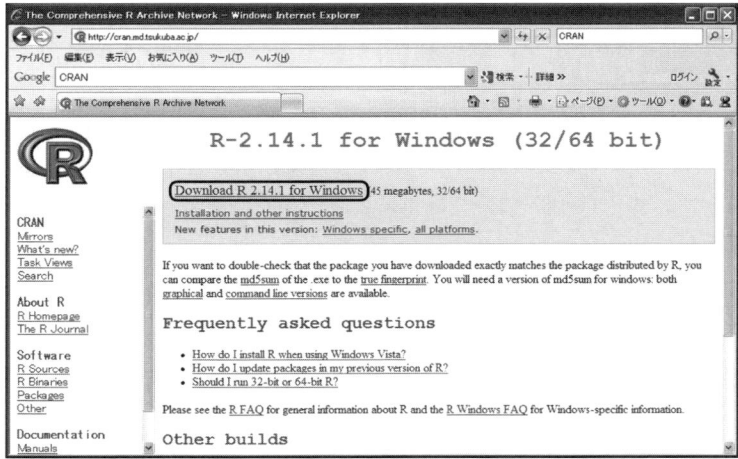

R 2.14.1をインストールする

手順6 「実行」ボタンをクリックする。

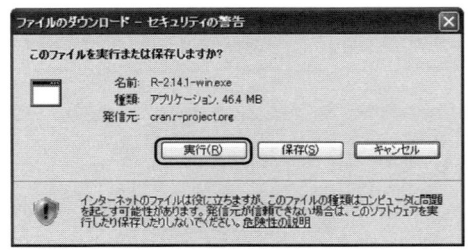

インストールの実行

1.1.3　パッケージの追加

　初回時のインストールで、Rの基本システムに加えてさまざまなパッケージがダウンロードされる。パッケージとは、特定の統計計算やグラフィックス操作を実行するための関数やデータ、リファレンス情報などがまとめられている単位である。初回時のインストールでも、かなり広範囲のパッケージがインストールされるが、さらに特定のパッケージを追加したい場合は、CRANから追加することができる。

　新たにCRANからパッケージをインストールするには、Rを起動して画面上から指示をすることもできる。以下に、その手順を説明する。

　インストール時にデスクトップ上に作成されたアイコン ![R2141] を使ってRを起動すると、次のような画面が表示される。「R Console」とタイトルがついている領域をコンソール画面（以降では単に「コンソール」と呼ぶ）という。これがRの操作画面である。

1.1 Rの基本　7

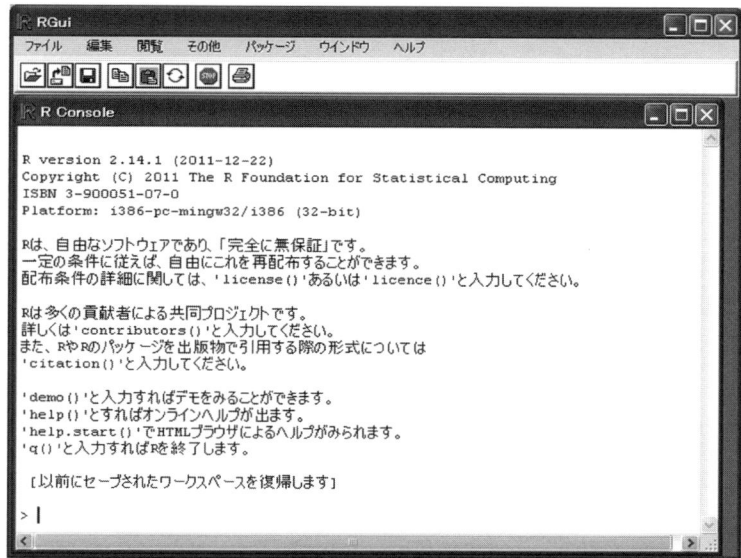

R起動後の画面

　コンソールの初期画面の左端に表示されている「>」マークはプロンプトと呼ばれ、ユーザの命令を受け付ける準備が完了していることを示している。たとえば、Rに「1+1」を計算させる場合には、コンソール内で点滅しているプロンプトの後ろに「1+1」と入力し、Enterキーを押して実行する。この実行結果は、プロンプトの計算式の次の行に示される。

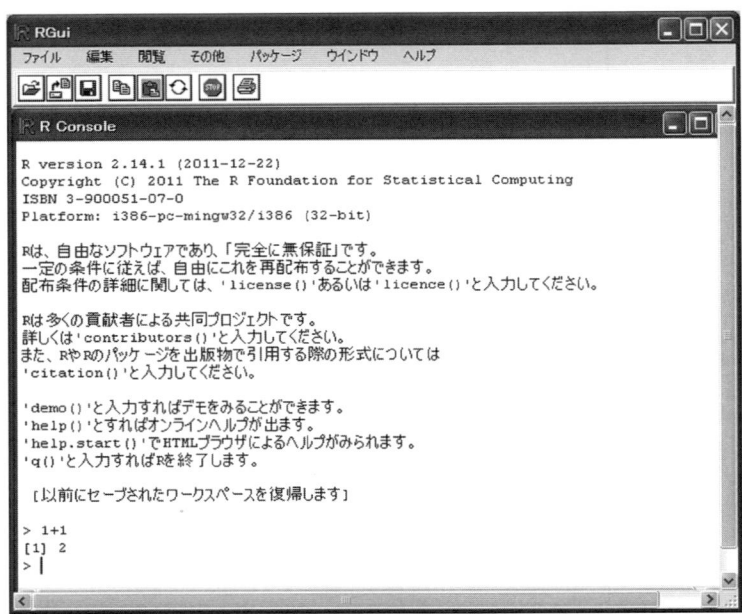

コンソールに式を入力し実行する

インストール済みのパッケージ一覧は、コンソールに以下を入力して実行することで確認できる。

```
> library()
```

なお、入力では、大文字と小文字を区別して使用する。

1.1 Rの基本　9

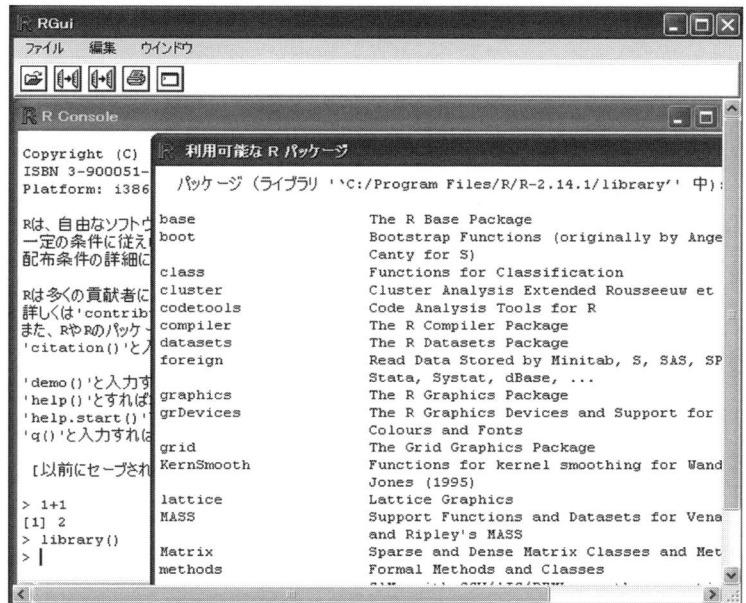

利用可能なパッケージ一覧

ここでは、Excelファイルからの読み込みやExcelファイルへの書き出しを行うことができるxlsxパッケージを追加してみる。パッケージはCRANからダウンロードするため、はじめにダウンロード先のミラーサイトを設定する。

手順1　「パッケージ」メニューの「CRANミラーサイトの設定」を選択する。

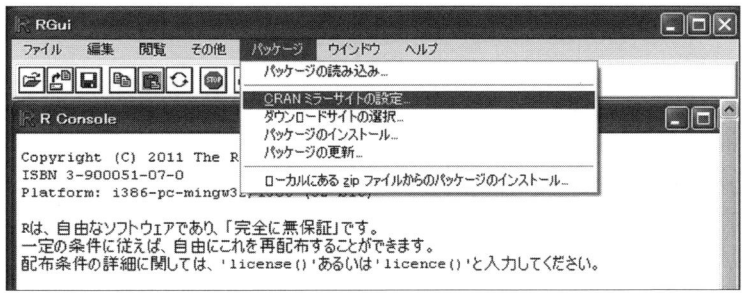

Rのメニューからミラーサイトを設定する

手順2 最寄りのミラーサイトを選択する。

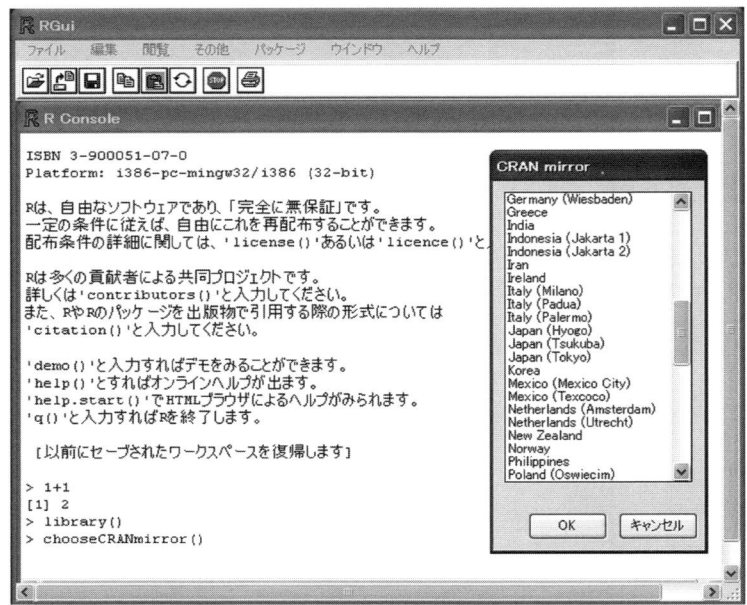

ミラーサイトを選択する

手順3 「OK」ボタンをクリックする。

手順1の際に次のメッセージが表示される場合は、Rを終了してから以下の追加手順を実施するとよい。

```
警告メッセージ:
In open.connection(con, "r") :
'cran.r-project.org' をポート 80 でコネクトできません
```

追加手順1 コンソールに以下を入力しRを終了する。

```
> q()
```

作業スペースの保存は「いいえ」を選択する。

1.1 Rの基本　11

追加手順2　デスクトップ上のRのアイコンを右クリックし、「プロパティ」を選択する。

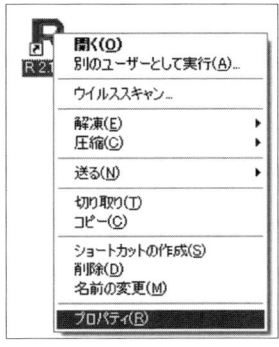

Rアイコンのプロパティ画面を開く

追加手順3　プロパティ画面で「リンク先」に「--internet2」を追加入力し、「OK」ボタンをクリックする。

Rアイコンのプロパティ画面を編集する

以降の手順に進む前に、手順3（ミラーサイトの設定）までを実施する。

手順4 「パッケージ」メニューの「パッケージのインストール」を選択する。

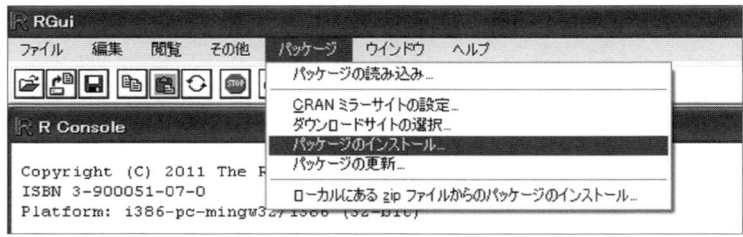

Rのメニューからパッケージをインストールする

手順5 ダウンロードするパッケージとして「xlsx」を選択し、「OK」ボタンをクリックする。

ダウンロードするパッケージを選択する

　この手順ではxlsxパッケージのみをインストールしたが、関連パッケージであるxlsxjarsとrJavaも自動的にインストールされる仕組みになっている。

1.2 データの準備

1.2.1 計算式の代入

Rは電卓代わりに利用することができる。ここでは、簡単な計算方法を紹介する。

変数への代入

例題1：計算して変数xに代入

1+1を変数xへ代入する。

```
> x <- 1+1
```

その結果を表示する。

```
> x
[1] 2
```

この代入記号（<-）は、<（より小さい）と-（マイナス）を横に並べたものである。

例題2：数式を変数yに代入

x+100を変数yへ代入する。

```
> y <- x+100
> y
[1] 102
```

例題1の結果（x）を使って、さらに別の変数（y）に値を代入することができる。

1.2.2 データの入力

データは関数「c()」を使って、ベクトル形式で入力する。ここでのベクトルとは、数値データの集まりと考えるとよい。なお、「c」はconcatenateの頭文字である。

関数 c() を使ってベクトルを作成する

例題3:データの入力方法(1)

5人の学生の英語の試験結果が、50、60、80、30、70であったとする。このデータを変数x1へ代入する。

```
> x1 <- c(50,60,80,30,70)
```

例題4:データの入力方法(2)

同じ5人の学生の数学の試験結果が、40、70、50、40、80であったとする。このベクトルを変数x2へ代入する。

```
> x2 <- c(40,70,50,40,80)
```

基本的な統計量を計算する

例題5:要約統計量の算出

関数summary()を使用して変数x1の基本的な統計量を求める。

```
> summary(x1)
   Min. 1st Qu.  Median    Mean 3rd Qu.    Max.
     30      50      60      58      70      80
```

関数summary()で算出される統計量は以下である。

基本的な統計量

統計量	説明
Min.	最小値
1st Qu.	25パーセンタイル値
Median	中央値
Mean	平均値
3rd Qu.	75パーセンタイル値
Max.	最大値

例題6:標準偏差と分散の算出

変数x1とx2の標準偏差と分散を求める。標準偏差を求めるには関数sd()を、分散を求めるには関数var()を使用する。

```
> sd(x1);sd(x2);var(x1);var(x2)
```

命令文はセミコロン (;) を使用すると並列させることができる。

1.2.3　データフレームの作成

データフレームとは、いわゆるデータ表と考えるとよい。数値データや文字データが混在したデータ表を、Rではデータフレームとして扱う。

データフレームを作成するには、以下の方法などが考えられる。

① 複数のベクトルを作成してから、データフレームとしてまとめる。
② 保存済みの外部ファイルを読み込む。

ここでは、関数data.frame()を使って①の例を説明する。②の例として、次の「1.2.4　データファイルの読み込み」では関数read.csv()を使ったcsvファイル（カンマ区切りテキストファイル）の読み込みを、「1.2.5　Excelファイルの読み込み」では関数read.xlsx()を使ったExcelファイルの読み込みを説明する。

ベクトルを結合してデータフレームを作成する

「1.2.2　データの入力」で作成したx1とx2を結合し、データフレームに「data01」という名前をつける。結合後のデータ表のイメージは以下となる。

2つのベクトルを結合したデータフレーム data01

x1	x2
50	40
60	70
80	50
30	40
70	80

関数data.frame()を使って、作成済みのベクトルx1とx2からデータフレームを作成する。

```
> data01 <- data.frame(x1,x2)
```

作成したデータフレームdata01を表示する。

```
> data01
  x1 x2
1 50 40
2 60 70
3 80 50
4 30 40
5 70 80
```

変数名を変更する場合は、以下のように指定する。ここでは、x1を「英語」へ変更し、x2を「数学」へ変更する。

```
> data01 <- data.frame(英語=x1, 数学=x2)
> data01
  英語 数学
1  50  40
2  60  70
3  80  50
4  30  40
5  70  80
```

1.2.4　データファイルの読み込み

Rでは作業ディレクトリという場所を対象に、データファイルの読み込みや書き出しを行うので、使いやすい場所を作業ディレクトリとして設定するとよい。ここでは、事前に作成しておいたCドライブ内のRフォルダを作業ディレクトリとして設定する。はじめに、読み込みたいファイルは作業ディレクトリの中に保存しておく。

作業ディレクトリの設定と確認

作業ディレクトリを設定するには関数setwd()を使用する。

```
> setwd("C:/R")
```

現在の作業ディレクトリの場所は、getwd()で確認することができる。

```
> getwd()
[1] "C:/R"
```

カンマ区切りファイルを読み込む

例題7：変数名のないデータの読み込み

変数名が記録されていない data02.csv を読み込む。

```
50, 40, 70, 30
60, 70, 60, 50
80, 50, 90, 60
30, 40, 40, 50
70, 80, 40, 90
```

data02.csv

カンマ区切りファイルを読み込むには関数 read.csv() を使用する。ここでは、data02.csv ファイルは事前に作業ディレクトリに保存されているとする。その data02.csv ファイルを、data02 データフレームとして取り込む。

```
> data02 <- read.csv("data02.csv", header=F)
> data02
  V1 V2 V3 V4
1 50 40 70 30
2 60 70 60 50
3 80 50 90 60
4 30 40 40 50
5 70 80 40 90
```

命令文中の「header = F」（F は FALSE の略）は、データ表の1行目に変数名の記録がないことを示している。データ表の1行目に変数名の記録がある場合は、「header = T」と入力するか、以下のように「header」に関する指示を記載しない。

```
> data02 <- read.csv("data02.csv")
```

コンソール内に表示されているデータフレーム data02 の変数名は、R が自動的に作成したものである。

1.2.5　Excelファイルの読み込み

　Excel形式（.xlsx、.xls形式）で保存されているファイルは、パッケージのインストールの例で示したxlsxパッケージの関数を使用して、Rに取り込むことができる。ここでは、xlsx形式ファイルを読み込む例を説明する。

xlsxファイルを読み込む

例題8：Excelに入力したデータの読み込み

　20名の学生に対して学校生活についてのアンケートを実施した。その結果を保存しているファイルdata03.xlsx（シート名は「Sheet1」）を読み込む。ファイルの1行目には変数名が記録されている。

id	q1	q2	q3	q4
1001	1	0	6	3
1002	2	1	8	1
1003	2	1	6	0
1004	1	0	5	2
1005	1	1	7	3
1006	2	1	7	3
1007	1	1	5	3
1008	1	0	6	2
1009	1	0	9	1
1010	2	1	7	0
1011	2	0	6	0
1012	1	1	7	3
1013	2	0	6	2
1014	2	1	6	1
1015	1	1	5	1
1016	2	0	4	0
1017	1	0	6	0
1018	1	0	6	1
1019	2	0	5	1
1020	1	1	7	3

data03.xlsx

　関数read.xlsx()を使用する場合、シート名、および変数名はすべて半角英数字を使用する。ファイル名とデータフレーム名には全角も使えるが、コンソールでは半角英数字を使ったほうが操作しやすい。

```
> library(xlsx)
> data03 <- read.xlsx("data03.xlsx",sheetName="Sheet1")
```

パッケージ内の関数を使用する場合、はじめに命令文library(xlsx)を使ってxlsxパッケージの使用準備を行う。その後、関数read.xlsx()を使って、作業ディレクトリ内のdata03.xlsxファイルのSheet1シートを、data03という名前のデータフレームとして取り込むことができる。

データフレーム内の変数の基本的な統計量を計算する

例題9：データフレーム内の平均の算出

データフレームdata03内の変数q3の平均値を求める。平均値を求めるには関数mean()を使用する。

```
> mean(data03$q3)
```

例題10：データフレーム内の要約統計量の算出

データフレームdata03内のすべての変数の要約統計量を求める。要約統計量を求めるには、「1.2.2　データの入力」で説明したsummary()を使用する。

```
> summary(data03)
```

第2章

統計的検定入門

2.1 検定と推定の考え方

2.1.1 仮説検定の概要

仮説検定を理解するうえで必要となる用語と考え方を説明していこう。

母集団と標本

検定の必要性を理解するうえで、あるいは検定手法そのものを理解するうえで重要なのは、母集団と標本（サンプル）という概念である。母集団とは、研究の対象となる集団である。検定においては、興味あるデータの集団である。標本とは、母集団から抜き取られたデータの集団である。私たちが収集したデータは標本のデータであり、母集団の一部にすぎないと考える。しかし、結論は母集団に対して下したいので、収集したデータにもとづいて、母集団を推測して結論を下すことになる。このための手法として仮説検定がある、という位置づけをすることができる。

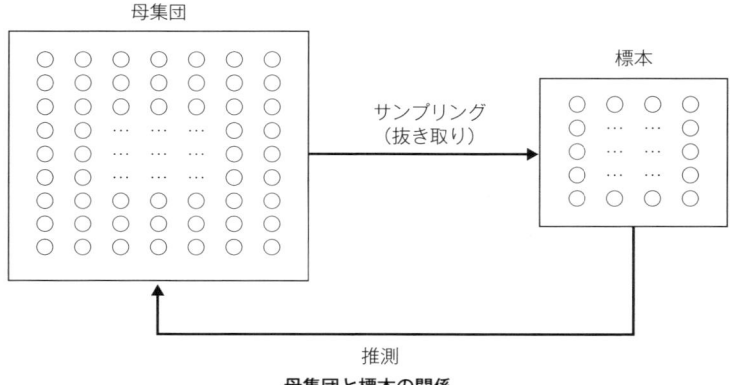

母集団と標本の関係

検定の役割

統計解析における検定とは、仮説検定あるいは有意性検定を省略した呼称で、統計解析の中で最も頻繁に使われる手法である。検定の結果は「有意である」「有意でない」という表現で結論づけられる。検定を行う場面の多くは、なんらかの比較をした結果、差異が生じたときであり、この差が統計的に意味のある

差なのか、意味のない差なのかを判定するために検定を用いることになる。統計的に意味のある差というのは、誤差の範囲を超えていて、偶然の差とは考えられないということで、意味のない差とは、誤差の範囲内で、偶然の差にすぎないということである。

このことを先の母集団と標本という概念で説明すると、収集したデータから得られた結果の差異は、標本のデータからで生じた差であって、母集団に差があるから生じたものかどうかはわからない。検定という手法は、母集団に差があると考えるべきか、母集団には差がなく、たまたま収集した標本に差が出たと考えるべきかの判断に使うことができるのである。

母数と統計量

母集団の要素をすべて調べたとして、そのときに得られるであろう平均値を母平均、標準偏差を母標準偏差と呼んでおり、これらを総称して母数と呼んでいる。

母数とは、母集団の特徴を記述する数値のことで、平均、分散、標準偏差、相関係数などがある。母集団の平均は母平均、分散は母分散、相関係数は母相関係数と呼んでいる。統計量とは、標本のデータから計算した数値で、母数の推定値となる。母数と統計量の区別は、検定を理解するうえで極めて重要である。収集したデータから計算した平均値は統計量であって、母平均ではない。統計量を利用して、母平均がある値に等しいか、あるいは大きいかということを検証するのが検定である。

ここで、母数と統計量を対比させて一覧表を示しておく。

母数と統計量の関係

母数		統計量	
母平均	μ	標本平均	$\bar{x}$
母分散	σ^2	標本分散	$s^2 (V)$
母標準偏差	σ	標本標準偏差	s
母相関係数	ρ	標本相関係数	r

検証される仮説

検定では、興味をもっている母数に対して、最初に2つの仮説を設定する。母平均を例にとるならば、次のように2つの仮説を設定する。

仮説0：母平均は80である
仮説1：母平均は80でない

仮説0は帰無仮説と呼ばれ、H_0 と表記する。仮説1は対立仮説と呼ばれ、H_1 と表記する。そこで、先の2つの仮説は、検定における流儀では次のように表現される。

帰無仮説 H_0： $\mu = 80$
対立仮説 H_1： $\mu \neq 80$

対立仮説

対立仮説の立て方には、次の3通りがある。

対立仮説 H_1： $\mu \neq 80$
対立仮説 H_1： $\mu > 80$
対立仮説 H_1： $\mu < 80$

「$\neq$」のときを両側仮説、「$>$」および「$<$」のときを片側仮説と呼んでいる。同じデータであっても、対立仮説が変われば結論も変わる。どの対立仮説を用いるかは、解析者が何を検証しようとしてるかで決めることになる。3通り試してみるということではないことに注意していただきたい。

一般に、$\mu > 80$ というのは、理論的に $\mu < 80$ がありえないという場合や、$\mu < 80$ を検出することに実務的な意味がない場合に立てられる対立仮説である。

仮説検定の論理

仮説検定においては、H_0 が正しいと仮定して話を進める。ここが統計的仮説検定の進め方の特徴である。

$\mu = 80$ と仮定しておいて、収集したデータから求めた平均値よりもかたよった方向の値は、どの程度の確率で生じるかを計算するのである。この確率計算のときに使われる分布が正規分布や t 分布である。計算された確率が小さいときは、稀有なことが起きたと考えずに、最初に H_0 が正しいと仮定したこと

に無理があったと考えて、H_0 を否定（棄却）し、H_1 が正しいだろうと判定する。この進め方が仮説検定の論理である。

p 値、有意確率、有意水準

H_0 が正しいと仮定したときに、収集したデータから求めた統計量よりもかたよった方向に大きな値が生じる確率を計算するのであるが、この確率を p 値または有意確率と呼んでいる。この値が小さいとき、H_0 は棄却される。問題になるのは、p 値（有意確率）が小さいかどうかの判定基準である。統計学では従来から、この基準を 0.05 とするのが習慣である。この 0.05 という数値を有意水準と呼んでいて、α と表している。p 値が α よりも小さいときは H_0 を棄却して、大きいときは H_0 を棄却しない。H_0 を棄却したとき、有意であるという言い方をする。

検定における判断の誤りと検出力

検定は、母集団の一部のデータを使って、母集団全体の結論を導こうとするものであるから、結論が誤っている可能性がつきまとう。帰無仮説 H_0 が本当は真であるときに、H_0 を棄却する誤りを第1種の過誤という。その確率は有意水準 α となる。一方、帰無仮説 H_0 が本当は真でないときに、H_0 を棄却しない誤りを第2種の過誤という。その確率は β という記号で表される。

検定における2つの誤り

		検定の結果	
		H_0	H_1
本当の状態	H_0	○	第1種の過誤
	H_1	第2種の過誤	○

※○は検定で正しい判断を下していることになる。

β は H_0 が真でないときに H_0 を棄却しない誤りを犯す確率である。したがって、$1 - \beta$ は H_0 が真でないときに、H_0 を棄却する確率で、これを検出力（検定力）と呼んでいる。

区間推定

検定と併用されることが多い統計的方法として、区間推定と呼ばれる手法が

ある。検定は、母数がある値に等しいか異なるかを判定するものであるが、区間推定は、どの程度異なるのかを示すものである。その信憑性は信頼率という形で保証されている。通常は信頼率として0.95という数値を用いる。信頼率0.95の信頼区間は95%信頼区間と呼ばれている。区間推定の結果は、次のような形で結論づけられる。

$$76.5 \leq \mu \leq 84.5$$

信頼率95%というのは、この区間が母平均μを含んでいる確率が95%であることを意味している。

2.1.2　検定の種類

検定にはさまざまな種類があり、何を検証しようとしているのかという検定の目的によって使い分ける必要がある。

正規性に関する検定

正規分布かどうかの検定手法としては、次のようなものがある。

- シャピロ-ウィルク（Shapiro-Wilk）検定
- コルモゴロフ-スミルノフ（Kolmogorov-Smirnov）検定
- 適合度のカイ2乗検定

なお、正規分布かどうかの検証は、検定手法を使うだけでなく、ヒストグラムや正規確率プロット（Q-Qプロット）を利用した視覚的な解析も併用するとよい。

母平均に関する検定

母平均がある値に等しいかどうか、2つの母平均に差があるかどうか、3つ以上の母平均に差があるかどうかを判定したいという場面で用いられる検定としては、次のようなものがある。

- z検定（母標準偏差が既知のときに用いる）
- t検定（母標準偏差が未知のときに用いる）
- 独立した2つの標本に関するt検定（2つの平均値の差に関する検定）
- 対応のある標本に関するt検定（対応のある平均値の差に関する検定）
- 分散分析（2つ以上の平均値に関する検定）

母分散に関する検定

2つの母分散に違いがあるかどうか、3つ以上の母分散に違いがあるかどうか判定したいという場面で用いられる検定としては、次のようなものがある。

- F検定（2つの分散の比に関する検定）
- レーベン（Levene）検定（2つ以上の分散に関する検定）
- バートレット（Bartlett）検定（2つ以上の分散に関する検定）
- ハートレー（Hartley）検定（2つ以上の分散に関する検定）

割合に関する検定

母割合（母比率）がある値に等しいかどうか、2つの母割合に違いがあるかどうか、3つ以上の母割合に違いがあるかどうかを判定したいという場面で用いられる検定としては、次のようなものがある。

- 二項検定
- 分割表（クロス集計表）の独立性に関するカイ2乗検定

相関に関する検定

母相関係数が0に等しいかどうか、すなわち、相関があるかないかを判定したいという場面で使われる検定としては、次のようなものがある。

- 母相関係数に関するt検定

2.1.3　検定の選択

検定手法の選択にあたっては、検定の目的を考えると同時に、データの性質

測定の尺度

データは、測定の尺度により次の4つに分けることができる。

① 名義尺度　　（例）性別、職業
② 順序尺度　　（例）順位、5段階評価
③ 間隔尺度　　（例）温度
④ 比例尺度　　（例）重量、寸法、時間

間隔尺度と比例尺度の区別は、検定においては重要ではない。この2つの尺度を合わせて連続尺度と呼ぶことにすると、次の3つの分類となる。

① 名義尺度
② 順序尺度
③ 連続尺度

検定の選択にあたっては、上記の3つのどれに当てはまるかということを判断する必要がある。①と②はカテゴリデータ、③は数量データという呼び方もする。

データの性質

測定の尺度による分類のほかに、検定の背景にある理論的分布によって、データは次の3つに分けることができる。

① 計数値
② 計量値
③ 順位値

計数値は、ある意見に賛成と答えた人の数というように、数えて得るデータであり、二項分布、ポアソン分布から導かれた検定方式が用いられる。

計量値は、体重や身長というように、測って得るデータであり、正規分布か

ら導かれた検定方式が用いられることが多い。なお、データの分布に何の仮定も設けない検定方式として、ノンパラメトリック検定と呼ばれる方法がある。

比較するグループの数

　検定手法の選択にあたり、比較したいグループの数（標本の数）がいくつあるかということも、重要な着眼点となる。

　男と女の残業時間を比べたいのであれば、グループの数は2である。技術職、営業職、研究職の残業時間を比べたいのであれば、グループの数は3である。検定手法の選定にあたっては、比較したいグループの数を次のどれに該当するかを考えるとよい。

　　(a)1つ　　　(b)2つ　　　(c)3つ以上

　上記の(a)は、たとえば、作業時間がある数値を超えているかどうか、あるいは正規分布に従っているかどうかという場合に該当する。

独立と対応

　2つ、あるいは3つ以上の標本を比較する場合、独立した標本の比較か、対応のある標本の比較かということが検定手法の選択に影響を与える。

　男女の握力を比べるときは、独立した標本になり、右手と左手の握力を比べるならば、同一人物のデータを取るので、対応のある標本ということになる。

データの数

　検定の対象とするデータの数（標本の大きさ）は、検定結果の信憑性に影響を与えることになる。データの数が少ないときは、理論的に想定している分布に近似させることができなくなり、検定結果も信用できないものとなる。データの数が少ないときの方法として、正確確率検定と呼ばれる近似的でない、正確な検定方法が用意されている。

2.2 検定の実際例

検定の手法は、計量値データに適用するものと計数値データに適用するものに大きく分けられる。

2.2.1 母平均に関する検定

計量値データに適用するときには、平均または分散に注目することになる。ここでは、平均に注目した例を取り上げる。

例題1：母平均と基準値との比較

ある製品の9個の重量（単位：g）が得られたとしよう。

```
53      48      57
44      46      56
59      49      56
```

この平均値は52である。このデータがとられた母集団の平均値（母平均）μは47より大きいといえるかどうかを考えることにしよう。

ここで、母集団のデータは正規分布に従っているものとし、母集団の標準偏差（母標準偏差）σは6とする。なお、データ数$n = 9$である。

検定の実施

仮説は次のように設定される。

帰無仮説 H_0：母平均は47である　　　（$\mu = 47$）
対立仮説 H_1：母平均は47より大きい（$\mu > 47$）

まず、帰無仮説 H_0 が成立していると仮定する。すなわち、μ は47であると仮定する。

$\mu = 47$、$\sigma = 6$ の正規分布に従う母集団から抜き取られた $\bar{x}$ の値は、平均 $\mu = 47$、標準偏差 $\frac{\sigma}{\sqrt{n}} = \frac{6}{\sqrt{9}} = 2$ の正規分布に従うことが知られている。こ

の正規分布において、$\bar{x}$が52より大きくなる確率を求める。この確率の値がp値（有意確率）である。確率計算（これは筆算では不可能）を行うと、

$$p値 = 0.0062$$

と求められる。

p値が小さいかどうかを判断するための有意水準を0.05とすると、

$$p値 = 0.0062 < 0.05$$

であるから、有意である。すなわち、母平均μは47より大きいと判断する。

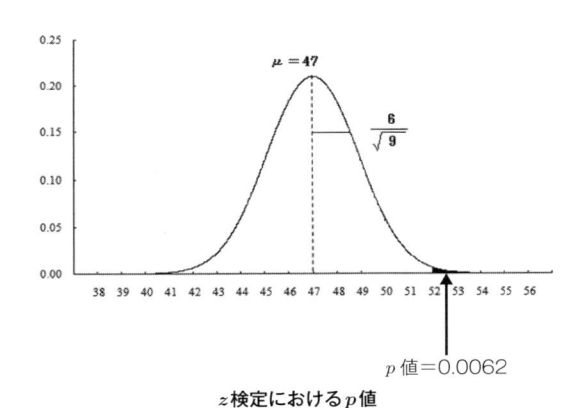

z検定におけるp値

このような検定をz検定と呼んでいる。Rでは次のように計算される。

```
> x <- c(53,44,59,48,46,49,57,56,56)
> n <- length(x)
> sig <- 6
> sigxbar <- sig/sqrt(n)
> p.value.lower <- pnorm(mean(x),mean=47,sd=sigxbar,lower.tail=TRUE)
> p.value.upper <- 1-p.value.lower
> p.value <- p.value.upper
> p.value
[1] 0.006209665
```

実際の場面では、σ の値は未知であることが多いので、σ の代わりに、データから計算した標準偏差の値 s を使うことになる。そして、

$$\frac{\bar{x} - \mu}{\frac{s}{\sqrt{n}}}$$

を計算する。この値が t 分布と呼ばれる分布に従うことを利用して、p 値を計算するのが t 検定である。

R には t 検定のための関数 t.test()（第3章を参照）が用意されているので、簡単に p 値を求めることができる。

2.2.2　母割合に関する検定

計数値データの場合には、二項分布を利用して割合に注目した検定がよく行われる。

例題2：母割合の比較

2つの商品 A と B を30人に評価させ、どちらが好きかを回答させた。その結果、次のようになったとしよう。

　A のほうが好き　22人
　B のほうが好き　　8人

A と B で、好きと回答した人数に差があるといえるかどうかを考えてみる。このときの仮説は次のように設定される。

　帰無仮説 H_0：A と B の好きな人の割合に差はない
　対立仮説 H_1：A と B の好きな人の割合に差がある

まず、帰無仮説 H_0 が成立していると仮定する。すなわち、A と B で割合に差はないと仮定する。これは、A が選ばれる確率と B が選ばれる確率は等しく、0.5 であると仮定したことになる。

この仮定（選ばれる確率は0.5）のもとで、Aが22人以上、あるいは、Aが8人以下となる確率を求める。この確率がp値（有意確率）となる。確率計算を行うと、

p値 $= 0.01612$

と求められる。

p値が小さいかどうかを判断するための有意水準を0.05とすると、

p値 $= 0.01612 < 0.05$

であるから、有意である。すなわち、AとBには差があると判断する。

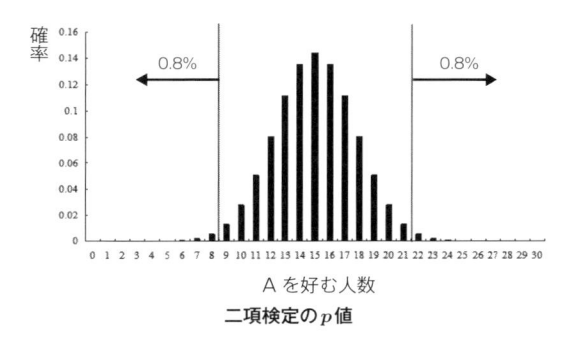

二項検定のp値

このような検定は二項検定と呼ばれている。Rには二項検定のための関数`binom.test()`が用意されていて、次のように計算する。

```
> n <- 30
> a <- 22
> b <- n-a
> p0 = 0.5
>
> binom.test(c(a,b),alternative='two.sided',p=p0)
```

この結果は以下のように得られる。

```
Exact binomial test

data:  c(a, b)
number of successes = 22, number of trials = 30, p-value = 0.01612
alternative hypothesis: true probability of success is not equal to 0.5
95 percent confidence interval:
 0.5411063 0.8772052
sample estimates:
probability of success
             0.7333333
```

p値 $= 0.01612$と得られていることがわかる。なお、Aが選択される割合の95%信頼区間も計算され、$0.5411 \sim 0.8772$と推定されている。

第3章

Rによる検定と推定の実践

3.1 1つの平均値（母標準偏差未知）

1つのサンプルの母平均に関する検定と推定の方法を以下に説明する。

例題 1つの平均値

　従来、英語のテストの平均値は50点であった。このたび、新しい英語の指導メソッドを開発したので、平均得点の変化を検討することにした。データは、新しい指導メソッドのもとで英語を学んだ学生から無作為に20人を選び、学力テストを受けてもらい、結果を記録したものである。このデータから平均は50点より大きくなったと判断してよいだろうか。なお、新規メソッドでの学習によって、標準偏差も変化している可能性がある。

```
66,45,41,62,55,62,48,46,70,42,68,76,81,48,47,42,64,52,43,50
```

検定の手順

①仮説を立てる

　次のような2つの仮説を立てる。ここでは、新しい指導メソッドの導入により、テスト結果の母平均が高くなったかどうかを検定する。対立仮説は片側検定（母平均は50より大きい）とする。

　帰無仮説 H_0：$\mu = 50$ （母平均は50である）
　対立仮説 H_1：$\mu > 50$ （母平均は50より大きい）

②有意水準の設定

　有意水準 $\alpha = 0.05$

③使用する統計的手法の決定

　「1サンプルのt検定」を実施する。これは、Rでは関数t.test()で実施することができる。

Rの操作

①Rへのデータの読み込み

```
> x <- c(66,45,41,62,55,62,48,46,70,42,68,76,81,48,47,42,64,52,43,50)
```

②基本統計量（basic statistics）の計算

```
> mean(x);sd(x)
```

関数mean()は平均値（mean）を計算し、関数sd()は標準偏差（standard deviation）を計算する。

③グラフの作成

ここでは、データ数が少ないのでドットプロット（1次元散布図）を作成してみる。ドットプロットを作成するには関数stripchart()を使う。

```
> stripchart(x, method="stack", pch=1)
```

関数stripchart()には以下のように情報を指定する。

```
stripchart(グラフ表現する対象の変数名またはデータフレーム名,
追加したいオプション指定)
```

デフォルトでは、複数のデータの重なりをプロットしない「method="overplot"」が適用されるが、「method="stack"」と指定することによって、複数のデータが同一点に存在していることを表す方法に変更できる。

プロットの表示スタイルのデフォルトは□であるが、「pch=1」と指定すると、表示スタイルを○に変更できる。

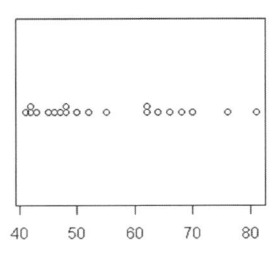

④関数t.test()の実施

```
> t.test(x, mu=50, alternative="greater")
```

「x」は検定したい変数である。「mu=」では、比較したい母平均の値を設定している。「alternative」では、選択した対立仮説の方向を設定している。方向には以下の3つがある。

　上片側検定：alternative="greater"
　下片側検定：alternative="less"
　両側検定：　alternative="two.sided"

検定の結果

```
One Sample t-test

data:  x
t = 1.9674, df = 19, p-value = 0.03196
alternative hypothesis: true mean is greater than 50
95 percent confidence interval:
 50.65395      Inf
sample estimates:
mean of x
    55.4
```

①結果の読み方

p-valueを有意水準と比較する。

　p-value = 0.03196　<　有意水準 = 0.05

この結果より、帰無仮説H_0は棄却され、母平均は50より大きいことがわかる。

②信頼区間の算出

「95 percent confidence interval」は、母平均の95%信頼区間を算出している。この場合、下限 = 50.65395、上限 = Inf（infinityの略で、無限大）となる。両側検定で信頼区間を算出するには、以下の命令文を使用する。

```
> t.test(x, mu=50, alternative="two.sided")
```

なお、以下の命令文を実施し、上記の結果（t値）を確認することができる。

```
> (mean(x)-50)/sqrt(var(x)/length(x))
```

関数sqrt()は、平方根（square root）を計算する。関数var()は、不偏分散（variance）を計算する。関数length()は、指定した変数のデータの個数（n）を計算する。

関数の中身

Rでは、関数t.test()を使って、「1サンプルのt検定」を実施することができる。関数t.test()は、以下の検定統計量t値と自由度を計算したうえで、有意確率（p値）を計算している。

$$t = \frac{\bar{x} - \mu_0}{\dfrac{s}{\sqrt{n}}}$$

$\bar{x}$： 標本平均
μ_0：比較したい特定の値
s： 標準偏差
n： 標本サイズ

自由度 = データ数 - 1

3.2 2つの平均値（等分散仮定あり）

分散が等しい2つのグループの母平均に関する検定と推定の方法を以下に説明する。

例題 母分散が等しい2つのグループの母平均比較

次のデータは、生活習慣の違いによりAグループとBグループに分けて、総コレステロールの値を記録したデータである。AグループとBグループの総コレステロール値には差があるといえるだろうか。なお、各グループの母分散の値は不明であるが、AグループとBグループは同じ分散であると考える。

2つのグループの総コレステロール値の記録

A	B
182	178
188	184
186	182
198	194
205	201
206	202
210	206
191	187
200	196
186	182
203	199
168	164
202	198
196	192
218	214
184	180
219	215
204	200
228	224
211	207

検定の手順

①仮説を立てる

次のような2つの仮説を立てる。ここでは、Aグループのコレステロール値の平均値とBグループのコレステロール値の平均値が異なるかどうかを検定する。よって、対立仮説は両側仮説とする。

帰無仮説 H_0： $\mu_A = \mu_B$
  （Aグループの母平均とBグループの母平均は等しい）
対立仮説 H_1： $\mu_A \neq \mu_B$
  （Aグループの母平均とBグループの母平均は等しくない）

②有意水準の設定

有意水準 $\alpha = 0.05$

③使用する統計的手法の決定

「2つのサンプルのt検定」を実行する。これは、Rでは関数t.test()で実施することができる。

Rの操作

①Rへのデータの読み込み

data3_2.xlsxのSheet1に記録されているデータ

上記データは作業ディレクトリに保存されているものとする。以下の例での作業ディレクトリは「C:/R」と設定する。

また、パッケージxlsxはすでにインストールされているものとして手順を説明する。パッケージのインストール方法は、第1章を参照のこと。

```
> setwd("C:/R")
> library(xlsx)
> data3_2 <- read.xlsx("data3_2.xlsx", sheetName="Sheet1")
```

②グラフの作成

ドットプロットを作成する。

```
> stripchart(data3_2, method="stack", pch=1)
```

3.2　2つの平均値（等分散仮定あり）

(ドットプロット図)

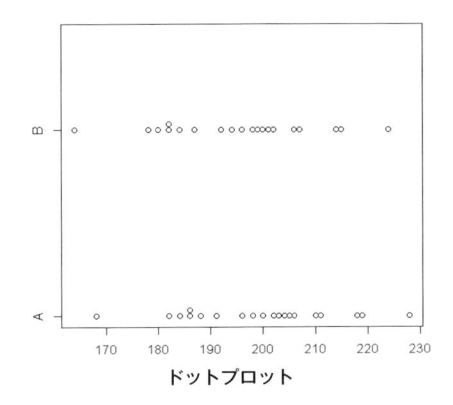

③関数 t.test() の実施

```
> t.test(data3_2$A, data3_2$B, paired=F, alternative="two.sided", var.equal=T)
```

「paired=F」は、データが対応づけられているかどうかの設定である。対応がない場合は「paired=F」（FはFALSEの略、FALSEと入力しても可）と入力し、対応がある場合は「paired=T」（TはTRUEの略）と入力する。

「alternative="two.sided"」は、両側検定での計算を指定する。

「var.equal=T」は、2つの群の分散が等しいかどうかの設定である。等しい場合は「var.equal=T」と入力し、等しくない場合は「var.equal=F」と入力する（「3.3　2つの平均値（等分散仮定なし）」を参照）。

検定の結果

```
        Two Sample t-test

data:  data3_2$A and data3_2$B
t = 0.8707, df = 38, p-value = 0.3894
alternative hypothesis: true difference in means is not equal to 0
95 percent confidence interval:
 -5.299871 13.299871
sample estimates:
mean of x mean of y
   199.25    195.25
```

①結果の読み方

p-valueを有意水準と比較する。

p-value = 0.3894 ＞ 有意水準 = 0.05

この結果より、帰無仮説H_0は棄却されず、2つのグループのコレステロール値の母平均に差があるとはいえないと判断する。

②信頼区間の算出

「95 percent confidence interval」は、推定した母平均の95%信頼区間を算出している。この場合、下限 = －5.299871、上限 = 13.299871となり、0を含んでいるので、検定結果(帰無仮説は棄却されず)と一致する。

関数の中身

関数「t.test()」において等分散を仮定する場合、p値は以下の式によるt値と自由度から計算されている。

$$t = \frac{\bar{x}_A - \bar{x}_B}{\sqrt{V\left(\frac{1}{n_A} + \frac{1}{n_B}\right)}}$$

$\bar{x}_A$：Aグループの標本平均
$\bar{x}_B$：Bグループの標本平均
V：　Aグループ、Bグループに共通の分散推定値

$$V = \frac{S_A + S_B}{n_A + n_B - 2}$$

　　ここでS_AとS_Bは各グループの偏差平方和
n_A：Aグループの標本サイズ
n_B：Bグループの標本サイズ

自由度 = Aのデータ数 + Bのデータ数 － 2

3.3　2つの平均値（等分散仮定なし）

分散が等しくない2つのグループの母平均に関する検定と推定の方法を以下に説明する。

例題　母分散が異なる2つのグループの母平均比較

血圧測定を行ったところ、測定を行った施設によって、上腕で血圧を測るタイプと手首で血圧を測るタイプの血圧測定器が混在していることがわかった。上腕式の測定結果から20人（Aグループ）と手首式の測定結果から20人（Bグループ）を無作為に選び、最低血圧のデータを準備した。このデータから、測定の方法によって平均値に違いがないと判断してよいだろうか。

2つのグループの最低血圧の記録

A	B
80	76
75	73
66	64
79	78
63	69
75	87
78	89
68	86
82	83
69	76
82	76
79	77
84	73
73	90
84	91
70	71
79	82
81	81
81	88
80	72

検定の手順

①仮説を立てる

次のような2つの仮説を立てる。ここでは、計測方法によって、血圧の平均値が異なるかどうかを検定する。よって、対立仮説は両側仮説とする。

帰無仮説 H_0： $\mu_A = \mu_B$
　　　　　　　（AグループとBグループの母平均は等しい）
対立仮説 H_1： $\mu_A \neq \mu_B$
　　　　　　　（AグループとBグループの母平均は等しくない）

②有意水準の設定

有意水準 $\alpha = 0.05$

③使用する統計的手法の決定

「ウェルチの検定（Welch's test）」を実行する。2つのグループの平均値を比較する場合、Rでは関数t.test()で実施することができる。関数t.test()の初期設定（デフォルト）では、グループの等分散を仮定しないウェルチの検定が実施される。

Rの操作

①Rへのデータの読み込み

	A	B
1	A	B
2	80	76
3	75	73
4	66	64
5	79	78
6	63	69
7	75	87
8	78	89
9	68	86
10	82	83
11	69	76
12	82	76
13	79	77
14	84	73
15	73	90
16	84	91
17	70	71
18	79	82
19	81	81
20	81	88
21	80	72

data3_3.xlsx Sheet1に記録されているデータ

```
> setwd("C:/R")
> library(xlsx)
> data3_3 <- read.xlsx("data3_3.xlsx", sheetName="Sheet1")
```

②グラフの作成

ドットプロットを作成する。

```
> stripchart(data3_3, method="stack", pch=1)
```

ドットプロット

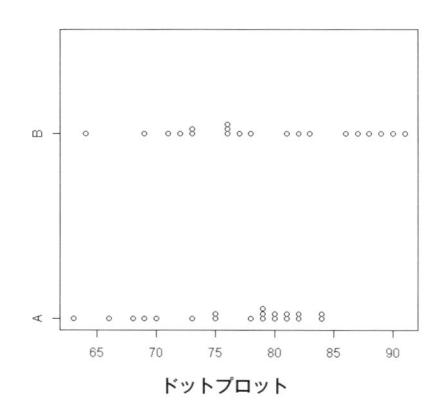

③関数t.test()の実施

```
> t.test(data3_3$A, data3_3$B, paired=F, alternative="two.sided", var.equal=F)
```

「paired=F」とは、対応しているデータかどうかの設定である。対応していない場合は、「paired=F」(FALSEと入力しても可)と入力し、対応している場合は、「paired=T」(TRUEと入力しても可)と入力する。

「alternative="two.sided"」は、両側検定を実施する。

「var.equal=F」は、2つのグループの分散が等しいかどうかの設定である。分散が等しくない場合は、F (FALSE)と入力するか、分散に関する記述を以下のように省略してもよい。

```
> t.test(data3_3$A, data3_3$B, paired=F, alternative="two.sided")
```

検定の結果

```
        Welch Two Sample t-test

data:   data3_3$A and data3_3$B
t = -1.2176, df = 36.406, p-value = 0.2312
alternative hypothesis: true difference in means is not equal to 0
95 percent confidence interval:
 -7.195586  1.795586
sample estimates:
mean of x mean of y
     76.4      79.1
```

①結果の読み方

p-valueを有意水準と比較する。

p-value = 0.2312 > 有意水準 = 0.05

この結果より、帰無仮説H_0は棄却されず、2つのグループの血圧の母平均に差があるとはいえないと判断する。

②信頼区間の算出

「95 percent confidence interval」は、推定した母平均の95%信頼区間を算出している。この場合、下限 = －7.195586、上限 = 1.795586となり、0を含んでいるので、検定結果（帰無仮説は棄却されず）と一致する。

関数の中身

等分散を仮定しないウェルチの検定の場合、p値は以下の式によるt値と自由度から計算されている。

$$t = \frac{\bar{x}_A - \bar{x}_B}{\sqrt{\left(\dfrac{V_A}{n_A} + \dfrac{V_B}{n_B}\right)}}$$

$\bar{x}_A$：Aグループの標本平均
$\bar{x}_B$：Bグループの標本平均
V_A：Aグループの不偏分散
V_B：Bグループの不偏分散
n_A：Aグループの標本サイズ
n_B：Bグループの標本サイズ

$$自由度 = \frac{\left(\dfrac{V_A}{n_A} + \dfrac{V_B}{n_B}\right)^2}{\dfrac{V_A^2}{n_A^2(n_A - 1)} + \dfrac{V_B^2}{n_B^2(n_B - 1)}}$$

3.4 2つの平均値（対応あり）

対応している2つのグループの母平均に関する検定と推定の方法を以下に説明する。

例題 2つのグループ（対応あり）の差

摂取することにより、体脂肪を減らす効果があるといわれている飲料水の効果を測定したいと考えている。従業員から無作為に18人を選択し、当該飲料水を摂取する前の腹囲を測定した結果（変数A）と、同じ18人に対し、当該飲料水を毎日摂取してもらい、4週間後の腹囲を測定した結果（変数B）を記録した。このデータから、飲料水を摂取することにより、体脂肪を減らす効果があると判断してよいだろうか。

摂取前と摂取後の腹囲

A	B
97.4	98.8
90.7	88.4
68.1	66.7
94.4	90.2
84.5	84.4
89	90.5
92.5	93.8
74.5	73.9
91.3	90.9
76.3	77.4
65.9	65.7
89.6	88.3
84.1	78.9
72.4	71.5
96	96.8
63.3	62.4
105.3	99.3
64	64.2

検定の手順

①仮説を立てる

次のような2つの仮説を立てる。ここでは、飲料水を摂取することによって、腹囲のサイズが減少するかどうかを検定する。よって、対立仮説は片側仮説とする。

帰無仮説 H_0： $\mu_A = \mu_B$（摂取する前と後には腹囲サイズに差がない）
対立仮説 H_1： $\mu_A > \mu_B$（摂取する前より後のほうが腹囲サイズが減少する）

②有意水準の設定

有意水準 $\alpha = 0.05$

③使用する統計的手法の決定

「対応のあるt検定」を実施する。Rでは関数t.test()を使って「対応のあるt検定」を実施することができる。

Rの操作

①Rへのデータの読み込み

data3_4.xlsx Sheet1に記録されているデータ

```
> setwd("C:/R")
> library(xlsx)
> data3_4 <- read.xlsx("data3_4.xlsx", sheetName="Sheet1")
```

②グラフの作成

線グラフを作成する。

```
> matplot(t(data3_4[,1:2]), ylab="waist size", xaxt="n", type="l")
> axis(1, c(1,2), c("A","B"))
```

関数matplot()には以下のように情報を指定する。

```
matplot(グラフ表現する対象の変数名またはデータフレーム名,
追加したいオプション指定
```

「ylab="waist size"」でy軸ラベルを加えることができる。「type="l"」でデフォルトの散布図を線グラフに変更する。

また、axis()は座標軸を描くための関数である。

3.4 2つの平均値（対応あり） 53

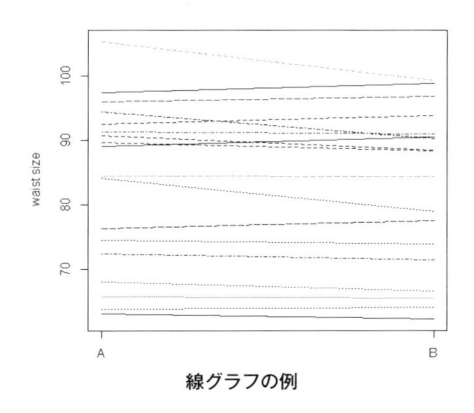

線グラフの例

③関数t.test()の実施

```
> t.test(data3_4$A, data3_4$B, paired=T, alternative="greater")
```

「paired=F」とは、データが対応づいているかどうかの設定である。対応ありの場合はF（FALSEと入力しても可）と入力し、対応なしの場合はT（TRUEと入力しても可）と入力する。

「alternative="greater"」は片側検定を実施する。

今回の検定における帰無仮説と対立仮説は、以下の式に変形することができる。

帰無仮説 H_0： $\mu_A - \mu_B = 0$
対立仮説 H_1： $\mu_A - \mu_B > 0$

この対立仮説は、「$\mu_A - \mu_B$ greater than 0」という表現になるので、「alternative="greater"」と指定する。

対立仮説 H_1： $\mu_A - \mu_B < 0$

という対立仮説のときには「$\mu_A - \mu_B$ less than 0」なので、「alternative="less"」と指定する。

対立仮説 $H_1: \mu_A - \mu_B \neq 0$

のときには「alternative="two.sided"」と指定する。

検定の結果

```
        Paired t-test

data:  data3_4$A and data3_4$B
t = 1.8329, df = 17, p-value = 0.04219
alternative hypothesis: true difference in means is greater than 0
95 percent confidence interval:
 0.04865596        Inf
sample estimates:
mean of the differences
           0.9555556
```

p-valueを有意水準と比較する。

p-value $= 0.04219 <$ 有意水準 $= 0.05$

この結果より、帰無仮説H_0は棄却され、飲料水を摂取することにより腹囲サイズの母平均は減少したと判断する。

関数の中身

「対応のあるt検定」を実施する場合、関数t.test()では、変数Aと変数Bの対応づいている各ペアの差を計算する。p値は以下の計算によるt値と自由度から計算されている。

ペアごとの差diの算出（i = 1, 2, 3, …, n）

$$d_i = x_{A_i} - x_{B_i}$$

$$t = \frac{\bar{d}}{\sqrt{\dfrac{V_d}{n}}}$$

$\bar{d}$： ペアごとの差の平均
V_d： ペアごとの差の不偏分散
n： 標本サイズ

自由度 = ペアの数 − 1

3.5 2つの分散

2つのグループの母分散に関する検定と推定の方法を以下に説明する。

例題 2つのグループの分散比較

Aクラス10人とBクラス12人の学生に、数学のテストを受けさせた。以下は、その結果を記録しているデータである。これより、2つのグループの分散は等しいといえるだろうか。

2つのグループの数学のテスト結果

A	B
82	32
57	63
66	44
75	74
89	66
72	52
67	55
62	40
49	79
74	84
	62
	89

検定の手順

①仮説を立てる

次のような2つの仮説を立てる。ここでは、Aグループの母分散とBグループの母分散が等しいかどうかを検定する。よって、対立仮説は両側仮説とする。

帰無仮説 H_0 : $\sigma_A^2 = \sigma_B^2$
  （Aグループの母分散とBグループの母分散は等しい）
対立仮説 H_1 : $\sigma_A^2 \neq \sigma_B^2$
  （Aグループの母分散とBグループの母分散は等しくない）

②有意水準の設定

有意水準 $\alpha = 0.05$

③使用する統計的手法の決定

「2つの分散の比に関するF検定」を実施する。関数var.test()を使って実施することができる。

Rの操作

①Rへのデータの入力

data3_5.xlsxの**Sheet1**に記録されているデータ

```
> setwd("C:/R")
> library(xlsx)
> data3_5 <- read.xlsx("data3_5.xlsx", sheetName="Sheet1")
```

②グラフの作成

ドットプロットを作成する。

```
> stripchart(data3_5, method="stack", pch=1)
```

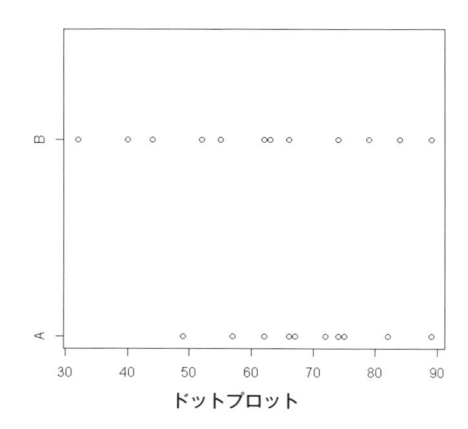

③関数 var.test() の実施

```
> var.test(data3_5$A,data3_5$B,alternative="two.sided")
```

　関数 var.text() は2つの分散の値の比を計算し、この比がF分散に従うことを利用してp値を計算する。「alternative="two.sided"」は両側検定を実施する。

検定の結果

```
        F test to compare two variances

data:  A and B
F = 0.4321, num df = 9, denom df = 11, p-value = 0.2181
alternative hypothesis: true ratio of variances is not equal to 1
95 percent confidence interval:
 0.1204446 1.6905750
sample estimates:
ratio of variances
         0.4321429
```

①結果の読み方

　p-value を有意水準と比較する。

```
p-value = 0.2181  >  有意水準 = 0.05
```

この結果より、帰無仮説 H_0 は採択されず、2つのグループの母分散は等しくないとはいえないと判断される。

②信頼区間の算出

「`95 percent confidence interval`」は、推定した母分散比の95%信頼区間を算出している。この場合、下限 = 0.1204446、上限 = 1.6905750となり、1を含んでいるので、検定結果（帰無仮説は棄却されず）と一致する。

関数の中身

関数 `var.test()` は、以下の検定統計量 F 値と自由度を計算したうえで、p 値を計算している。

① Aグループの分散 V_A とBグループの分散 V_B を計算する。

$$V_A = \frac{A\,グループの平方和}{n_A - 1}$$

$$V_B = \frac{B\,グループの平方和}{n_B - 1}$$

n_A：Aグループの標本サイズ
n_B：Bグループの標本サイズ

② 検定統計量 F 値を計算する。

$$F = \frac{V_A}{V_B}$$

第1自由度 $= n_A - 1$
第2自由度 $= n_B - 1$

3.6 3つ以上の分散

3つ以上のグループの母分散に関する検定の方法を以下に説明する。

例題 3つ以上のグループの母分散比較

次のデータは3箇所の異なる水源地(変数x)から収集した上水道水に含まれる塩素の量(変数y)を記録したものである(3.7節の例題データと同一)。3つの水源地の塩素の量の分散は等しいといえるだろうか。

水源(x)ごとの塩素の量(y)

x	y
1	1.75
1	0.63
1	0.44
1	1.74
1	1.27
1	1.2
1	1.05
2	1.12
2	0.77
2	0.3
2	1.16
2	0.29
2	0.11
2	0.06
3	0.64
3	0.47
3	0.42
3	0.74
3	0.56
3	1.03
3	0.21

検定の手順

①仮説を立てる

次のような2つの仮説を立てる。ここでは、第1グループの母分散と第2グ

ループの母分散と第3グループの母分散が等しいかどうかを検定する。

帰無仮説 H_0 : $\sigma_1{}^2 = \sigma_2{}^2 = \sigma_3{}^2$ (すべてのグループの母分散は等しい)
対立仮説 H_1 : 少なくとも1つの母分散が他の母分散と異なる

②有意水準の設定

有意水準 $\alpha = 0.05$

③使用する統計的手法の決定

「バートレットによる分散の同一性の検定」を実施する。バートレットの検定は、3つ以上のグループの分散の同一性に関して検定を行っている。

Rの操作

①Rへのデータの読み込み

	A	B
1	x	y
2	1	1.75
3	1	0.63
4	1	0.44
5	1	1.74
6	1	1.27
7	1	1.2
8	1	1.05
9	2	1.12
10	2	0.77
11	2	0.3
12	2	1.16
13	2	0.29
14	2	0.11
15	2	0.06
16	3	0.64
17	3	0.47
18	3	0.42
19	3	0.74
20	3	0.56
21	3	1.03
22	3	0.21

data3_6.xlsx Sheet1 に記録されているデータ

```
> setwd("C:/R")
> library(xlsx)
```

②グラフの作成

```
> boxplot(y ~ x, data3_7)
```

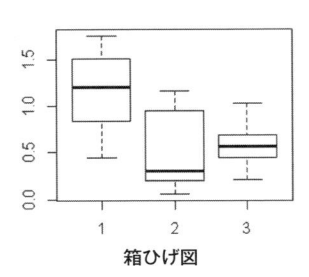

箱ひげ図

データが少ないときは、通常はドットプロットを利用するが、ここでは紹介のために箱ひげ図を示す。

③関数bartlett.test()の実施

```
> bartlett.test(y ~ x, data=data3_7)
```

関数bartlett.test()は、カイ2乗分布を利用した近似的な検定を実施する。

検定の結果

```
        Bartlett test of homogeneity of variances

data:  y by x
Bartlett's K-squared = 2.4343, df = 2, p-value = 0.2961
```

p-valueを有意水準と比較する。

p-value = 0.2961 ＞ 有意水準 = 0.05

この結果より、帰無仮説H_0は棄却されず、3つのグループの塩素量の母分散は等しくないとはいえないと判断される。

関数の中身

p値は以下の式による検定統計量と自由度から計算されている。

$$T = \sum_{j=1}^{k}(n_j - 1)\ln\frac{\sum_{j=1}^{k}(n_j - 1)U_j}{\sum_{j=1}^{k}(n_j - 1)} - \sum_{j=1}^{k}(n_j - 1)\ln U_j$$

$$C = 1 + \frac{1}{3(k-1)}\left(\sum_{j=1}^{k}\left(\frac{1}{n_j - 1}\right) - \frac{1}{\sum_{j=1}^{k}(n_j - 1)}\right)$$

$$\chi_0^2 = \frac{T}{C}$$

$k:$ グループ数
$U_j:$ 各グループの不偏分散
$n_j:$ 各グループの標本サイズ
$\ln:$ 自然対数
$\chi_0^2:$ 検定統計量

自由度 $= k - 1$

3.7 一元配置分散分析

3つ以上のグループの母平均に関する検定の方法を以下に説明する。

例題 一元配置分散分析

次のデータは3箇所の異なる水源（変数x）から収集した上水道水に含まれる塩素の量（変数y）を記録したものである（3.6節の例題データと同一）。水源地の違いによって含まれる塩素の量に違いがあるといえるだろうか。

水源（x）ごとの塩素の量（y）

x	y
1	1.75
1	0.63
1	0.44
1	1.74
1	1.27
1	1.2
1	1.05
2	1.12
2	0.77
2	0.3
2	1.16
2	0.29
2	0.11
2	0.06
3	0.64
3	0.47
3	0.42
3	0.74
3	0.56
3	1.03
3	0.21

検定の手順

①仮説を立てる

次のような2つの仮説を立てる。ここでは、第1グループの母平均と第2グ

ループの母平均と第3グループの母平均が等しいかどうかを検定する。

帰無仮説 H_0： $\mu_1 = \mu_2 = \mu_3$（第1グループの母平均と第2グループの母平均と第3グループの母平均は等しい）

対立仮説 H_1： 少なくとも1つの母平均が他の母平均と異なる

②有意水準の設定
有意水準 $\alpha = 0.05$

③使用する統計的手法の決定
「一元配置分散分析」を実施する。関数oneway.test()を使って、一元配置分散分析を実施することができる。

Rの操作

①Rへのデータの読み込み

	A	B
1	x	y
2	1	1.75
3	1	0.63
4	1	0.44
5	1	1.74
6	1	1.27
7	1	1.2
8	1	1.05
9	2	1.12
10	2	0.77
11	2	0.3
12	2	1.16
13	2	0.29
14	2	0.11
15	2	0.06
16	3	0.64
17	3	0.47
18	3	0.42
19	3	0.74
20	3	0.56
21	3	1.03
22	3	0.21

data3_6.xlsx Sheet1に記録されているデータ

```
> setwd("C:/R")
> library(xlsx)
> data3_6 <- read.xlsx("data3_6.xlsx", sheetName="Sheet1")
```

②グラフの作成

　グループ別の平均値プロットを作成する。このグラフを作成するには、パッケージgplotsのダウンロードが必要となる（ダウンロード手順はここでは省略する。第1章を参照のこと）。グラフの作成には関数plotmeans()を利用する。

```
> library(gplots)
> plotmeans(y ~ x, data=data3_6)
```

　data3_6.xlsxのような形式でデータを用意している場合は、関数plotmeans()に対して以下のように情報を設定する。

```
plotmeans(測定変数 ~ グループ変数, data=データフレーム名)
```

　または、以下のように記載することもできる。

```
plotmeans(データフレーム名$測定変数 ~ データフレーム名$グループ変数)
```

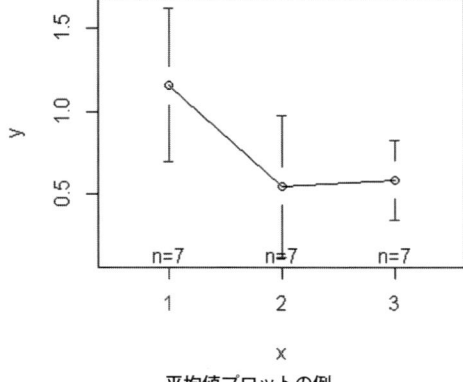

平均値プロットの例

③関数oneway.test()の実施

```
> oneway.test(y ~ x, data=data3_6, var.equal=T)
```

関数oneway.test()はデフォルト（初期設定）では、グループの等分散を仮定しない「ウェルチの検定」を実施する。グループの分散が等しいと考えられる場合には、上記の例のように「var.equal=T」と命令文に追加する。

検定の結果

```
        One-way analysis of means

data:  y and x
F = 4.5688, num df = 2, denom df = 18, p-value = 0.02485
```

p-valueを有意水準と比較する。

p-value $= 0.02485\ <\ $ 有意水準 $= 0.05$

この結果より、帰無仮説H_0は棄却され、3つのグループの塩素の量は等しくない（少なくとも1グループは異なる）と判断される。

関数の中身

一元配置分散分析は以下のような分散分析表で整理すると理解しやすい。検定結果のp値はF値を計算したうえで計算している。

分散分析表

	偏差平方和	自由度	平均平方	F値
因子変動	S_B	$df_B = k - 1$	$V_B = \dfrac{S_B}{df_B}$	$F = \dfrac{V_B}{V_E}$
誤差変動	S_E	$df_E = n - k$	$V_E = \dfrac{S_E}{df_E}$	
全体変動	$S_T = S_B + S_E$	$df_T = n - 1$		

$$S_B = \sum_{j=1}^{k} n_j(\bar{X}_j - \bar{X})^2$$

$$S_E = \sum_{j=1}^{k} \sum_{i=1}^{n_j} (X_{ij} - \bar{X}_j)^2$$

k： 水準の数（グループの数）
n： 全グループのデータ個数
n_j： 各グループのデータ個数
$\bar{X}$： 全体平均値
$\bar{X}_j$： j グループの平均値

Rでは、以下の命令文を使って分散分析表を表出することができる。詳細は「3.8　二元配置分散分析（繰り返しなし）」を参照のこと。

```
> summary(aov(y ~ x, data=data3_6))
            Df Sum Sq Mean Sq F value Pr(>F)
x            2  1.637  0.8186   4.569 0.0248 *
Residuals   18  3.225  0.1792
---
Signif. codes:  0 '***' 0.001 '**' 0.01 '*' 0.05 '.' 0.1 ' ' 1
```

3.8 二元配置分散分析（繰り返しなし）

2つの要因（因子）をもつデータの母平均に関する検定の方法を以下に説明する。

例題 二元配置分散分析（繰り返しなし）

次のデータは、紙の光沢度を高めるための条件を探すために、原料であるパルプの種類と製造過程で使用するある薬剤の種類を因子として実験を行った結果である。パルプの種類（因子A）は4種類、薬剤の種類（因子B）は3種類用意した。A、B全部で12通りの組み合わせがあり、12回の実験はランダムな順序で行った。このデータを解析する。

二元配置実験のデータ

	B1	B2	B3
A1	48	47	54
A2	49	50	56
A3	46	48	51
A4	44	45	50

検定の手順

①仮説を立てる

繰り返しのない実験では、A因子とB因子による交互作用の効果を調べることはできない。交互作用を考慮する場合は、繰り返しのある実験を実施する必要がある。

ここでは、次のような仮説を立てる。

因子Aについて
帰無仮説 H_0：因子Aの水準間に差はない
対立仮説 H_1：因子Aの水準間に差はある

因子Bについて
帰無仮説 H_0：因子Bの水準間に差はない

対立仮説 H_1：因子Bの水準間に差はある

②有意水準の設定
有意水準 $\alpha = 0.05$

③使用する統計的手法の決定
「二元配置分散分析」を実施する。関数aov()を使って、二元配置分散分析を実施することができる。

Rの操作

①Rへのデータの読み込み
ここでは、例題のデータは以下の入力形式で保存しておく。

	A	B	Y
1	A	B	Y
2	1	1	48
3	1	2	47
4	1	3	54
5	2	1	49
6	2	2	50
7	2	3	56
8	3	1	46
9	3	2	48
10	3	3	51
11	4	1	44
12	4	2	45
13	4	3	50

data3_8.xlsx Sheet1に記録されているデータ

```
> setwd("C:/R")
> library(xlsx)
> data3_8 <- read.xlsx("data3_8.xlsx", sheetName="Sheet1")
```

②データの確認
データを確認するためには関数str()を使用する。

```
> str(data3_8)
```

3.8 二元配置分散分析（繰り返しなし）

```
'data.frame':   12 obs. of  3 variables:
 $ A: num  1 1 1 2 2 2 3 3 3 4 ...
 $ B: num  1 2 3 1 2 3 1 2 3 1 ...
 $ Y: num  48 47 54 49 50 56 46 48 51 44 ...
```

この結果より、3つの変数に12個の観測値（observation）が入力されていることがわかる。変数A、B、Yのそれぞれに表示されている「num」は、数値変数を示す表示である。分散分析を実行する場合、因子変数の存在をRに伝える必要があるため、以下の命令文を使用して、変数Aと変数Bに対して因子変数の定義を行う。

```
> data3_8$A <- factor(data3_8$A )
> data3_8$B <- factor(data3_8$B )
```

これにより、変数Aは4つの水準をもつ因子変数であり、変数Bは3つの水準をもつ因子変数であることを定義できる。

```
'data.frame':   12 obs. of  3 variables:
 $ A: Factor w/ 4 levels "1","2","3","4": 1 1 1 2 2 2 3 3 3 4 ...
 $ B: Factor w/ 3 levels "1","2","3": 1 2 3 1 2 3 1 2 3 1 ...
 $ Y: num  48 47 54 49 50 56 46 48 51 44 ...
```

③グラフの作成

変数Aをx軸に指定して折れ線グラフを作成する。このときは、関数interaction.plot()の引数として「Aの水準名」、「Bの水準名」、「データ」を指定する。

```
> interaction.plot(data3_8$A, data3_8$B, data3_8$Y)
```

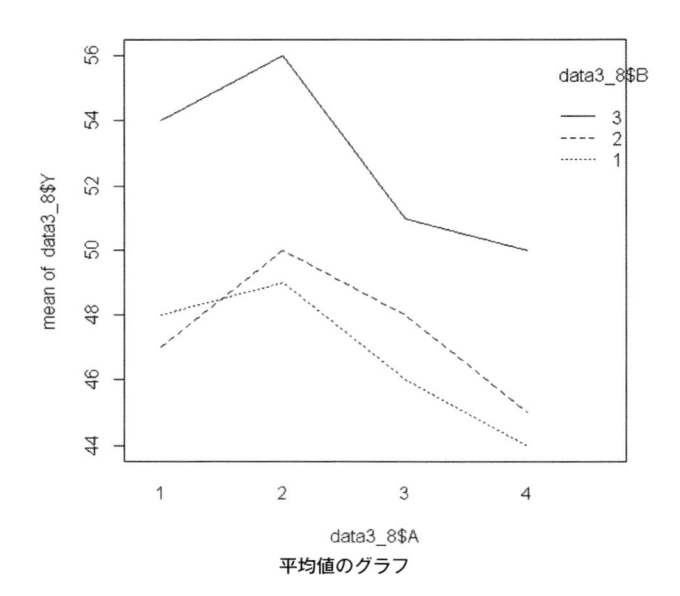

平均値のグラフ

今度は、変数Bをx軸に指定して折れ線グラフを作成する。

```
> interaction.plot(data3_8$B, data3_8$A, data3_8$Y)
```

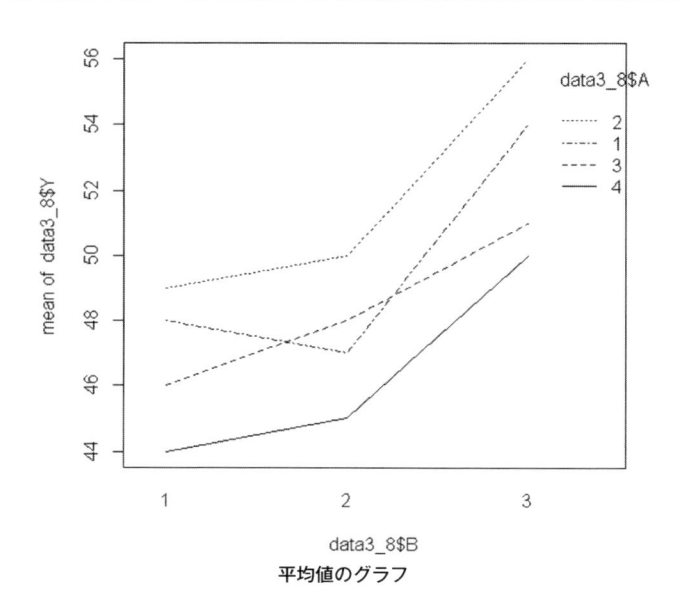

平均値のグラフ

③関数aov()の実施

関数aov()を関数summary()と組み合わせることにより、分散分析表を表出することができる。aov()は分散分析を実施する関数で、引数に「データ ~ 因子A＋因子B」を指定する。

```
> summary(aov(Y ~ A+B, data=data3_8))
```

検定の結果

```
            Df Sum Sq Mean Sq F value   Pr(>F)
A            3  45.33   15.11   17.55 0.002251 **
B            2  85.50   42.75   49.65 0.000185 ***
Residuals    6   5.17    0.86
---
Signif. codes:  0 '***' 0.001 '**' 0.01 '*'
```

「Pr(>F)」に表示されている因子Aと因子Bの数字とアスタリスクに注目する。

- Pr(>F) = 0.002251 **
  2つのアスタリスク表示(**)は、0.01の水準で有意であることを示す。
- Pr(>F) = 0.000185 ***
  3つのアスタリスク表示(***)は、0.001以下の水準で有意であることを示す。

この結果より、因子A、Bともに光沢度に影響を与えていることがわかる。

関数の中身

繰り返しのない二元配置分散分析は以下のような分散分析表で示すことができる。検定結果のp値はF値を計算したうえで計算している。

分散分析表

	偏差平方和	自由度	平均平方	F値
因子A変動	S_A	$df_A = a - 1$	$V_A = \frac{S_A}{df_A}$	$F_A = \frac{V_A}{V_E}$
因子B変動	S_B	$df_B = b - 1$	$V_B = \frac{S_B}{df_B}$	$F_B = \frac{V_B}{V_E}$
誤差変動	S_E	$df_E = (a-1) \times (b-1)$	$V_E = \frac{S_E}{df_E}$	
全体変動	$S_T = S_A + S_B + S_E$	$df_T = ab - 1$		

$$S_A = \sum_{i=1}^{a} b(\bar{X}_i - \bar{X}..)^2$$

$$S_B = \sum_{j=1}^{b} a(\bar{X}_j - \bar{X}..)^2$$

$$S_E = \sum_{i=1}^{a} \sum_{j=1}^{b} (X_{ij} - \bar{X}_i - \bar{X}_j + \bar{X}..)^2$$

a： 因子Aの水準数
b： 因子Bの水準数
$\bar{X}..$：全体平均値
$\bar{X}_i$：iグループの平均値
$\bar{X}_j$：jグループの平均値
X_{ij}：各セルの測定値

3.9 二元配置分散分析（繰り返しあり）

2つの要因（因子）で繰り返しデータを取得した結果の母平均に関する検定の方法を以下に説明する。

例題 二元配置分散分析（繰り返しあり）

次のデータは、化粧品の品質を高めるための条件を探すために、原料の一種であるヒアルロン酸の濃度の種類と、コラーゲンの分子構造の種類を因子として実験を行った結果である。ヒアルロン酸の濃度（因子A）は3水準あり、コラーゲンの分子構造の種類（因子B）は4種類ある。A、B全部で12通りの組み合わせで、繰り返し2回、合計24回の実験はランダムな順序で行った。このデータを解析する。

二元配置実験のデータ

	B1	B2	B3	B4
A1	26	28	32	28
	27	30	31	29
A2	28	30	32	29
	27	30	31	29
A3	30	30	30	30
	29	31	31	30

検定の手順

①仮説を立てる

ここでは、次のような仮説を立てる。対立仮説は両側仮説とする。

因子Aについて
帰無仮説 H_0：因子Aの水準間に差はない
対立仮説 H_1：因子Aの水準間に差はある

因子Bについて
帰無仮説 H_0：因子Bの水準間に差はない

対立仮説 H_1：因子Bの水準間に差はある

交互作用について
帰無仮説 H_0：因子Aと因子Bの交互作用はない
対立仮説 H_1：因子Aと因子Bの交互作用はある

②有意水準の設定

有意水準 $\alpha = 0.05$

③使用する統計的手法の決定

「二元配置分散分析」を実施する。関数 aov() を使って、二元配置分散分析を実施することができる。

Rの操作

①Rへのデータの読み込み

ここでは、例題データは以下の入力形式で保存しておく。

data3_9.xlsx Sheet1に記録されているデータ

```
> setwd("C:/R")
> library(xlsx)
> data3_9 <- read.xlsx("data3_9.xlsx", sheetName="Sheet1")
```

②因子の定義

```
> data3_9$A <- factor(data3_9$A )
> data3_9$B <- factor(data3_9$B )
```

③データの確認

```
> str(data3_9)

'data.frame':   24 obs. of  3 variables:
 $ A: Factor w/ 3 levels "1","2","3": 1 1 1 1 1 1 1 1 2 2 ...
 $ B: Factor w/ 4 levels "1","2","3","4": 1 1 2 2 3 3 4 4 1 1 ...
 $ Y: num  26 27 28 30 32 31 28 29 28 27 ...
```

変数Aは3つの水準をもつ因子変数であり、変数Bは4つの水準をもつ因子変数であることを定義した。

④グラフの作成

因子Aをx軸に指定した折れ線グラフを作成する。

```
> interaction.plot(data3_9$A, data3_9$B, data3_9$Y)
```

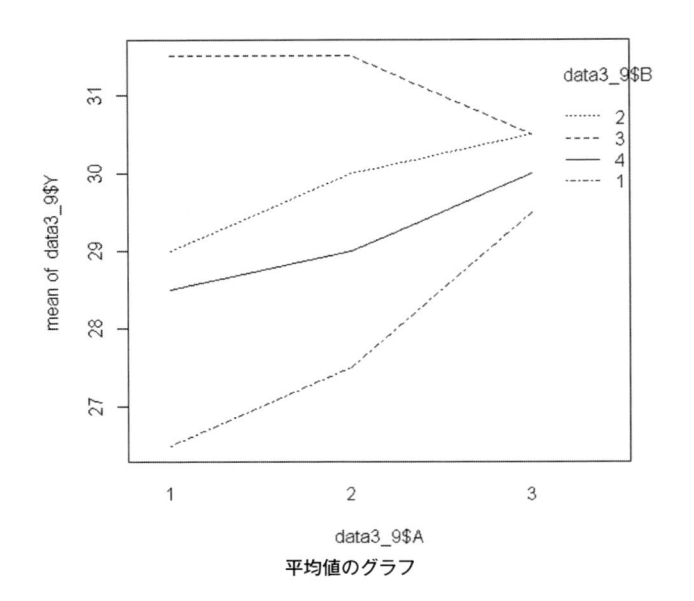

平均値のグラフ

今度は、因子Bをx軸に指定した折れ線グラフを作成する。

```
> interaction.plot(data3_9$B, data3_9$A, data3_9$Y)
```

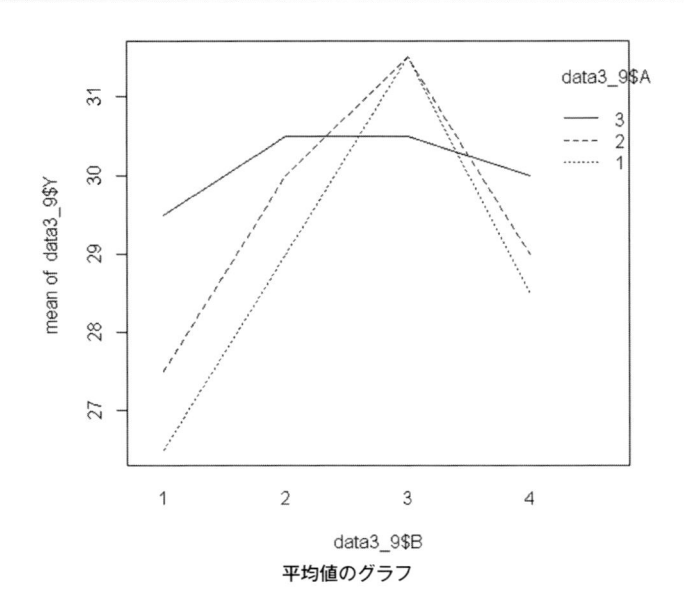

平均値のグラフ

⑤関数 aov() の実施

関数 aov() を関数 summary() と組み合わせることにより、分散分析表を表出することができる。

```
> summary(aov(Y ~ A*B, data=data3_9))
```

検定の結果

```
            Df Sum Sq Mean Sq F value   Pr(>F)
A            2   6.25   3.125   6.250   0.0138 *
B            3  34.67  11.556  23.111 2.83e-05 ***
A:B          6   9.08   1.514   3.028   0.0485 *
Residuals   12   6.00   0.500
---
Signif. codes:  0 '***' 0.001 '**' 0.01 '*' 0.05 '.' 0.1 ' ' 1
```

「Pr(>F)」に表示されている因子Aと因子B、ならびに因子Aと因子Bの交互作用(「A:B」と表記されている)の数字とアスタリスクに注目する。

- Pr(>F) = 0.0138 *(因子Aについて)
  1つのアスタリスク表示(*)は、0.05の水準で有意であることを示す。
- Pr(>F) = 2.83e-05 ***(因子Bについて)
  3つのアスタリスク表示(***)は、0.001以下の水準で有意であることを示す。
- Pr(>F) = 0.0485 *(因子AとBの交互作用について)
  1つのアスタリスク表示(*)は、0.05の水準で有意であることを示す。

この結果より、因子A、Bの主効果、ならびに因子AとBの交互作用ともに化粧品の品質に影響を与えていることがわかる。

関数の中身

因子の水準を固定とした繰り返しのある二元配置分散分析は、以下のような分散分析表で示すことができる。検定結果のp値はF値を計算したうえで計算している。

分散分析表

	偏差平方和	自由度	平均平方	F値
因子A変動	S_A	$df_A = a - 1$	$V_A = \frac{S_A}{df_A}$	$F_A = \frac{V_A}{V_E}$
因子B変動	S_B	$df_B = b - 1$	$V_B = \frac{S_B}{df_B}$	$F_B = \frac{V_B}{V_E}$
交互作用変動	$S_{A \times B}$	$df_{A \times B} = (a-1) \times (b-1)$	$V_{A \times B} = \frac{S_{A \times B}}{df_{A \times B}}$	$F_{A \times B} = \frac{V_{A \times B}}{V_E}$
誤差変動	S_E	$df_E = ab \times (n-1)$	$V_E = \frac{S_E}{df_E}$	
全体変動	$S_T = S_A + S_B + S_{A \times B} + S_E$	$df_T = abn - 1$		

$$S_A = nb \sum_{i=1}^{a} (\bar{X}_i - \bar{X}..)^2$$

$$S_B = na \sum_{j=1}^{b} (\bar{X}_j - \bar{X}..)^2$$

$$S_{A \times B} = n \sum_{i=1}^{a} \sum_{j=1}^{b} (X_{ij} - \bar{X}_i - \bar{X}_j + \bar{X}..)^2$$

$$S_E = \sum_{i=1}^{a} \sum_{j=1}^{b} \sum_{k=1}^{n} (X_{ijk} - \bar{X}_{ij})^2$$

$n:$　繰り返し数
$a:$　因子Aの水準数
$b:$　因子Bの水準数
$\bar{X}..:$　全体平均値
$\bar{X}_i:$　iグループの平均値
$\bar{X}_j:$　jグループの平均値
$\bar{X}_{ij}:$　iとjの組み合わせグループの平均値
$\mathrm{X}_{ijk}:$各セルの測定値

3.10 相関分析

2つの変数間の無相関に関する検定と、母相関係数の推定方法を以下に説明する。

例題 無相関の検定

次のデータは、Rをインストールすると一緒に保存されるデータ「iris」である。このデータは、setosa、versicolaor、virginicaという3種類の品種のアヤメの花について、各種類それぞれ50個のデータが記録されている。「Sepal.Length」は顎片の長さ、「Sepal.Width」は顎片の幅、「Petal.Length」は花弁の長さ、「Petal.Length」は花弁の幅を記録している。ここでは、「Sepal.Length」と「Sepal.Width」に関して相関分析を行う。

```
    Sepal.Length Sepal.Width Petal.Length Petal.Width  Species
1          5.1        3.5         1.4         0.2    setosa
2          4.9        3.0         1.4         0.2    setosa
3          4.7        3.2         1.3         0.2    setosa
4          4.6        3.1         1.5         0.2    setosa
5          5.0        3.6         1.4         0.2    setosa
6          5.4        3.9         1.7         0.4    setosa
7          4.6        3.4         1.4         0.3    setosa
8          5.0        3.4         1.5         0.2    setosa
9          4.4        2.9         1.4         0.2    setosa
10         4.9        3.1         1.5         0.1    setosa
（途中省略）
149        6.2        3.4         5.4         2.3  virginica
150        5.9        3.0         5.1         1.8  virginica
```

検定の手順

①仮説を立てる

次のような2つの仮説を立てる。ここでは、2つの変数には相関があるかどうかを検定する。よって、対立仮説は両側仮説とする。

帰無仮説 H_0：$\rho = 0$（母相関係数は0である）
対立仮説 H_1：$\rho \neq 0$（母相関係数は0ではない）

②有意水準の設定

有意水準 $\alpha = 0.05$

③使用する統計的手法の決定

相関係数の計算は関数cor()で実施できるが、関数cor.test()を使うことで「無相関の検定」と「母相関係数の推定」を実施することができる。

Rの操作

①Rへのデータの呼び出しと表示

```
> data(iris)
> iris
```

②グラフの作成

関数plot()を使って散布図を作成する。

```
> plot(iris$Petal.Length, iris$Petal.Width)
```

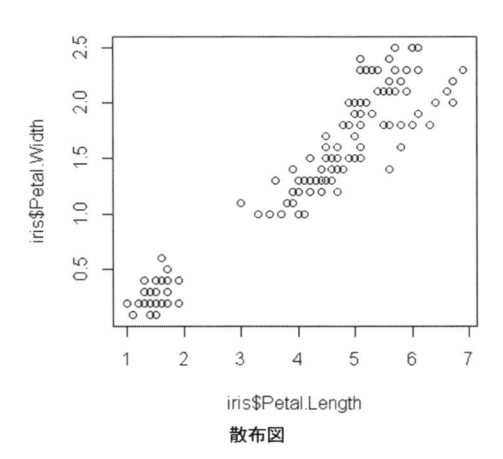

散布図

③関数cor()の実施

```
> cor(iris$Petal.Length, iris$Petal.Width)
```

関数cor()は、デフォルト（初期設定）ではピアソンの相関係数を計算する。計算方法を変更したい場合は、以下のように「method」で設定する。

```
> cor(iris$Petal.Length, iris$Petal.Width, method="計算方法")
```

method="spearman"	スピアマンの順位相関係数
method="kendall"	ケンドールの順位相関係数
method="pearson"	ピアソンの相関係数

ピアソンの相関係数は通常の測定値に用いられるもので、スピアマンとケンドールの順位相関係数は順位値に変換して計算される相関係数である。

④関数cor.test()の実施

```
> cor.test(iris$Petal.Length, iris$Petal.Width, alternative="two.sided")
```

検定の結果

```
> cor(iris$Petal.Length, iris$Petal.Width)
[1] 0.9628654        #相関係数
>
> cor.test(iris$Petal.Length, iris$Petal.Width, alternative="two.sided")

        Pearson's product-moment correlation

data:  iris$Petal.Length and iris$Petal.Width
t = 43.3872, df = 148, p-value < 2.2e-16        #無相関の検定
alternative hypothesis: true correlation is not equal to 0
95 percent confidence interval:                 #母相関係数の95%信頼区間
 0.9490525 0.9729853
sample estimates:
      cor
0.9628654         #相関係数
```

①相関係数

相関係数は、−1から1までの値をとる。相関係数から相関関係の強弱を判断するには、次のような基準を目安にする。

$0.7 \leq |r|$　　　強い相関がある
$0.5 \leq |r| < 0.7$　相関がある
$0.3 \leq |r| < 0.5$　弱い相関あり
　　　$|r| < 0.3$　ほとんど相関なし

②無相関の検定

p-valueを有意水準と比較する。

p-value = 2.2e-16　<　有意水準 = 0.05

注：2.2e-16とは2.2×10^{-16}のこと。

この結果より、帰無仮説H_0は採択され、2つのグループの母相関係数は0ではないと判断される。

③母相関係数の推定

母相関係数ρの95％信頼区間は以下となる。

$0.9490525 \leq \rho \leq 0.9729853$

関数の中身

変数xとyの相関係数は、以下の式から計算できる。

① xの偏差平方和$S(xx)$を計算する。

$$S(xx) = \sum_{i=1}^{n}(x_i - \bar{x})^2 = \sum_{i=1}^{n}x_i^2 - \frac{\left(\sum_{i=1}^{n}x_i\right)^2}{n}$$

② yの偏差平方和$S(yy)$を計算する。

$$S(yy) = \sum_{i=1}^{n}(y_i - \bar{y})^2 = \sum_{i=1}^{n}{y_i}^2 - \frac{\left(\sum_{i=1}^{n}y_i\right)^2}{n}$$

③ xとyの偏差積和$S(xy)$を計算する。

$$S(xy) = \sum_{i=1}^{n}(x_i - \bar{x})(y_i - \bar{y}) = \sum_{i=1}^{n}x_i y_i - \frac{\left(\sum_{i=1}^{n}x_i\right)\left(\sum_{i=1}^{n}y_i\right)}{n}$$

④ 相関係数rを計算する。

$$r = \frac{S(xy)}{\sqrt{S(xx)S(yy)}}$$

3.11 1つの割合

1つの母割合（母比率）に関する検定と推定の方法を以下に説明する。

例題 1つの母割合

ある小学校の総児童数は385人である。そのうち、肥満児の割合は10％であった。このたび、休み時間を利用した運動プログラムを導入したところ、28人が肥満児の判定となった。この結果より、肥満児率は減少したといえるだろうか。

検定の手順

ここでは、直接確率を用いて母割合に関する検定を実施する方法を説明する。

①仮説を立てる

次のような2つの仮説を立てる。ここでは、運動プログラム導入後、肥満率が減少したかどうかを検定する。よって、対立仮説は片側仮説となる。

帰無仮説 H_0：$\pi = 0.1$（母割合は0.1である）
対立仮説 H_1：$\pi < 0.1$（母割合は0.1より小さい）

②有意水準の設定

有意水準 $\alpha = 0.05$

③使用する統計的手法の決定

母割合に関する検定方法には以下の3つがある。ここでは、二項分布の性質を利用して検定を行う直接確率計算法を実施する。これは、関数 `binom.test()` を使って実施することができる。

1. 直接確率計算法
2. F 分布法

3. 正規近似法

Rの操作

①関数`binom.test()`の実施
関数binom.test()は、以下のように情報を指定して実施することができる。

```
binom.test(事象数, 全体n数, 検定する確率)
```

デフォルト（初期設定）では両側検定を実施するので、片側検定を行う場合は以下のように「alternative」で方向を指定する。

```
binom.test(事象数, 全体n数, 検定する確率, alternative="方向")
```

```
alternative="less"      下側
alternative="greater"   上側
```

検定の結果

```
        Exact binomial test

data:  28 and 385
number of successes = 28, number of trials = 385, p-value = 0.04018
alternative hypothesis: true probability of success is less than 0.1
95 percent confidence interval:
 0.00000000 0.09835479
sample estimates:
probability of success
             0.07272727
```

①結果の読み方
p-valueを有意水準と比較する。

p-value = 0.04018 ＜ 有意水準 = 0.05

この結果より、帰無仮説H_0は棄却され、肥満児の割合は10%より減少さ

②信頼区間の算出

「95 percent confidence interval」は、推定した母比率の95%信頼区間を算出している。この場合、下限 ＝ 0.00000000、上限 ＝ 0.09835479となるので、検定結果(帰無仮説は棄却)と一致する。

関数の中身

関数binom.test()は、以下の発生確率を計算したうえでp値を計算している。

$$P_x = \frac{n!}{x!(n-x)!}\pi_0{}^x(1-\pi_0)^{n-x}$$

P_x：注目事象の発生確率
n：　試行回数
x：　発生回数
π_0：2事象のうちの1事象が起こる確率

3.12 2つの割合

2つの母割合（母比率）の差に関する検定と推定の方法を以下に説明する。

例題　母割合の差

男性50人、女性60人から構成されるパネル回答者に、ペットボトル入り飲料水の新製品を試飲してもらい、美味しさに関するアンケートを実施した。その結果「美味しい」と答えた人は、男性が50人中18人であり、女性は60人中11人であった。男性の「美味しい」と回答した率と女性の「美味しい」と回答した率には差があるといえるだろうか。

検定の手順

ここでは、正規分布を利用した近似的な検定方法を用いて、2つの母割合の差に関する検定を実施する方法を説明する。

①仮説を立てる

次のような2つの仮説を立てる。ここでは、「美味しい」と回答した割合が男女で異なるかどうかを検定する。よって、対立仮説は両側仮説となる。

帰無仮説 H_0： $\pi_{男性} = \pi_{女性}$（男性における「美味しい」と回答した割合と女性における「美味しい」と回答した割合は等しい）

対立仮説 H_1： $\pi_{男性} \neq \pi_{女性}$（男性における「美味しい」と回答した割合と女性における「美味しい」と回答した割合は等しくない）

②有意水準の設定

有意水準 $\alpha = 0.05$

③使用する統計的手法の決定

「正規近似法」を使って2つの母割合の差に関する検定を実施する。これは、関数`prop.test()`を使って実施することができる。

Rの操作

①関数prop.test()の実施

```
> prop.test(c(18,11), c(50,60))
```

関数prop.test()は以下のように情報を指定し実施する。

```
prop.test(事象数, 全体n数)
```

デフォルト（初期設定）ではイエーツの調整（正規分布に近づけるための補正）を実施するので、調整を行わない場合は以下のように情報を指定する。

```
prop.test(事象数, 全体n数, correct=F)
```

また、デフォルトでは両側検定を実施する設定になっているが、片側検定を実施する場合は以下のように「alternative」で方向を設定する。

```
prop.test(事象数, 全体n数, alternative="方向")
```

```
alternative="less"      下側
alternative="greater"   上側
```

検定の結果

```
        2-sample test for equality of proportions with continuity
        correction

data:  c(18, 11) out of c(50, 60)
X-squared = 3.5219, df = 1, p-value = 0.06056
alternative hypothesis: two.sided
95 percent confidence interval:
 -0.006855361  0.360188694
sample estimates:
   prop 1     prop 2
0.3600000  0.1833333
```

①結果の読み方

p-valueを有意水準と比較する。

p-value = 0.06056 ＞ 有意水準 = 0.05

この結果より、帰無仮説H_0は棄却されず、男性と女性の「美味しい」と回答した割合には違いがあるとはいえないと判断される。

②信頼区間の算出

「95 percent confidence interval」は、推定した母比率の95％信頼区間を算出している。この場合、下限 ＝ －0.006855361、上限 ＝ 0.360188694となり、0を含んでいるので、検定結果(帰無仮説は棄却されず)と一致する。

関数の中身

関数prop.test()は以下を計算したうえで、p値を計算している。

$$Z = \frac{|p_1 - p_2|}{\sqrt{p(1-p)\left(\frac{1}{n_1} + \frac{1}{n_2}\right)}}$$

イエーツの調整を実施する場合の検定量は以下で計算される。

$$Z = \frac{|p_1 - p_2| - 0.5\left(\frac{1}{n_1} + \frac{1}{n_2}\right)}{\sqrt{p(1-p)\left(\frac{1}{n_1} + \frac{1}{n_2}\right)}}$$

Z： 検定統計量
p_1： 第1グループの割合
p_2： 第2グループの割合

p： 2つのグループをまとめた全データにおける割合
n_1：第1グループのデータ数
n_2：第2グループのデータ数

3.13 クロス集計表（分割表）

クロス集計表の検定方法について以下に説明する。

例題 クロス集計表

　男性40人、女性50人からなる回答者に、チョコレートの新製品を試食してもらい、美味しさに関するアンケートを実施した。新製品のチョコレートは3種類あり、それぞれカカオ含有量が異なる。カカオの量が少なめの製品をA、中程度の製品をB、多めの製品をCとし、回答者に好みの新製品を1つ選択させたデータを、以下のように整理した。男性と女性でチョコレートの好みに違いがあるかを検定する。

性別とチョコレートの好みのクロス集計表

	A. 少なめ	B. 中程度	C. 多め	合計
男性	9	13	18	40
女性	11	19	20	50
合計	20	32	38	90

検定の手順

①仮説を立てる

　次のような2つの仮説を立て、行（性別）と列（チョコレートの好み）は独立しているかどうかを検定する。言い換えると、男性と女性の違いによって、チョコレートの好みに違いがあるかどうかを検定することになる。ここでの対立仮説は両側仮説とする。

　帰無仮説 H_0：男性と女性のチョコレートの好みには違いがない。
　対立仮説 H_1：男性と女性のチョコレートの好みには違いがある。

②有意水準の設定

　有意水準 $\alpha = 0.05$

③使用する統計的手法の決定

「独立性の検定（クロス集計表によるカイ2乗検定）」を実施する。これは関数 chisq.test() を使って実施することができる。

Rの操作

①Rへのデータの読み込み

```
> data3_13 <- matrix(c(9,13,18,11,19,20), ncol=3)
```

関数matrix()でデータを入力する。クロス集計表のときには、matrix()を使う入力方式が便利である。「ncol」で列数を指定する。

②グラフの作成

A、B、Cを横軸にした棒を構成する。

```
> barplot(data3_13, names=c("A","B","C"))
```

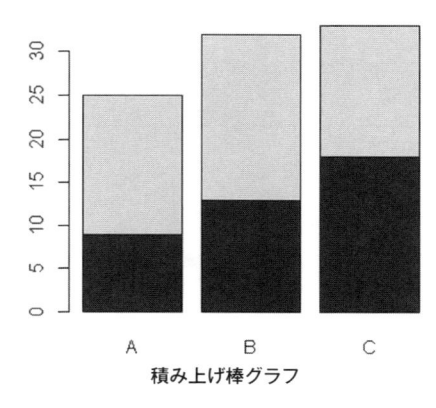

積み上げ棒グラフ

男性、女性を横軸にし、A、B、Cを積み上げた棒グラフにする。

```
> barplot(t(data3_13), names=c("男性","女性"), legend=c("A","B","C"))
```

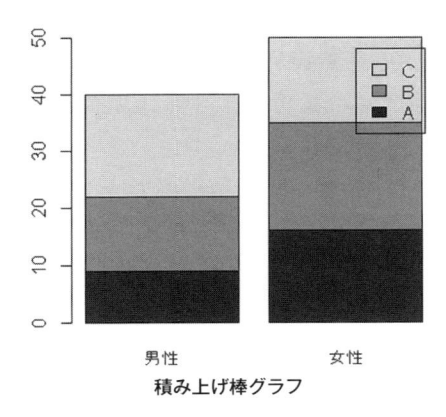

3.13 クロス集計表（分割表） 95

積み上げ棒グラフ

男性、女性を横軸にし、A、B、Cを積み上げた棒グラフで100%表示にする。

```
> data3_13a <- data3_13/apply(data3_13,1,sum)
> barplot(t(data3_13a), names=c("男性","女性"), legend=c("A","B","C"))
```

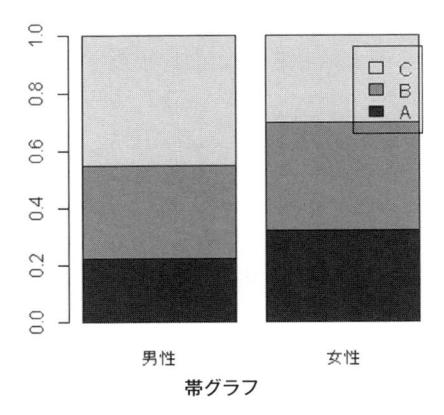

帯グラフ

③関数 `chisq.test()` の実施

```
> chisq.test(data3_13)
```

検定の結果

```
        Pearson's Chi-squared test

data:  data3_13
X-squared = 2.2747, df = 2, p-value = 0.3207
```

p-valueを有意水準と比較する。

p-value = 0.3207 ＞ 有意水準 = 0.05

この結果より、帰無仮説H_0は棄却されず、男性と女性のチョコレートの好みには違いがあるとはいえないと判断される。

関数の中身

関数chisq.test()は以下を計算したうえで、p値を計算している。

$$\chi_0{}^2 = \sum_i \sum_j \frac{(f_{ij} - t_{ij})^2}{t_{ij}}$$

i： クロス集計表のi行
j： クロス集計表のj行
f_{ij}： i行j列目の観測度数
t_{ij}： i行j列目の期待度数

自由度 ＝（行数－1）×（列数－1）

第4章

ノンパラメトリック検定

4.1 ノンパラメトリック法の概要

検定手法の多くは、母集団分布が正規分布であることを仮定して理論が構築されている。このため、正規分布に従わないデータに正規分布を仮定した検定を適用しても、その結果は信用できないものとなる。正規分布かどうか疑わしいデータに対しては、ノンパラメトリック法の適用を推奨する。

4.1.1 ノンパラメトリック法の適用

ノンパラメトリック法とは

データの数が少なく母集団の分布を特定できない場合や、外れ値（異常に飛び離れた値）が存在しているようなときには、ノンパラメトリック法が有効である。ノンパラメトリック法は、データに特定の分布を仮定しない解析方法の総称であり、ノンパラメトリック法の中に複数の手法がある。

ノンパラメトリック法の特徴は、データを順位値（データを大小の順で並び替えたときの順位）に変換し、順位値を解析の対象とするところにある。データを順位値に変換することで、もとのデータの分布を問題としないで解析できるようにしている。

ノンパラメトリック法の適用場面

ノンパラメトリック法は、以下のような場面で適用される。

① 母集団のデータが正規分布に従っていると考えられないとき
② 外れ値を含めた解析を行いたいとき
③ データが順位値であるとき（1位、2位、3位など）
④ データが順序尺度のデータであるとき（満足、普通、不満など）

ノンパラメトリック法は、データが正規分布に従っていないときに有効な手法であるが、製品の寸法や重量のような正規分布に従っているデータに対しても適用することができるので、適用範囲の広い手法である。

なお、ノンパラメトリック法は、正規分布を仮定した手法に比べて、検出力（本当は差がある状態を正しく有意とする確率）が低下することに留意して使う

必要がある。

4.1.2 検定の種類

平均値に関するt検定の代用

2つの独立した標本における平均値の差が統計学的に意味のあるものかどうかを判定する（言い方を変えれば、2つの母平均に差があるかどうかを判定する）ための手法として、2つの母平均の差のt検定があった。t検定はデータが正規分布に従っていると仮定できるような状況で用いられる。したがって、正規分布を仮定できない場合には不適切である。このようなときに使われる検定方法がウィルコクスン（Wilcoxon）の順位和検定と呼ばれるノンパラメトリック法である。この検定はマン-ホイットニー（Mann-Whitney）のU検定とも呼ばれている。

対応のあるt検定の代用

ウィルコクスンの順位和検定は、2つのグループのデータがまったく別々に、つまり独立に収集された場面で適用できる手法である。2つのグループのデータが独立ではなく、ペア（対）になって得られているようなときには、データに対応があることになり、このときにはウィルコクスンの符号つき順位検定を適用する。

等分散性のF検定の代用

ムッド（Mood）検定は、2つのデータが独立に収集された場面で適用できる手法で、2つのグループのばらつきに違いがあるかどうかを検定するものである。

分散分析の代用

2つ以上の平均値の差を検定するための手法として、分散分析があった。分散分析は、各グループのデータが正規分布に従い、かつ、ばらつきが等しい（等分散）ことを前提としている。

正規分布であることを仮定できない場合や、外れ値が存在して、等分散が仮定できないような場合には、クラスカル-ウォリス（Kruskal-Wallis）検定を

適用する。

　また、因子（比較したい項目の種類）が2つあるような場面では、二元配置分散分析の適用が一般的であるが、この手法も正規分布と等分散が前提となっている。この前提条件が満たされないときには、フリードマン（Friedman）検定を適用する。この手法は、対応があるデータが2組以上あるときの平均値の差の検定という見方をすることもできる。

相関係数の代用

　2つの変数間の関係の強さを見る統計量として、相関係数があった。通常の相関係数はピアソン（Pearson）の相関係数と呼ばれている。この相関係数に基づいて行われる無相関の検定は、2つの変数のデータが共に正規分布に従うことを前提としている。この前提が成立しないときや、順位値、あるいは順序尺度のデータには、順位相関係数を求めるとよい。

　順位相関係数には、スピアマン（Spearman）の順位相関係数と、ケンドール（Kendall）の順位相関係数があり、計算方法が異なるため、計算結果も一致しない。順位相関係数とは、2種類の対応のあるデータ（たとえば、体重と身長）を、それぞれ順位に変換してから、相関係数を求めるものである。この具体的な求め方については、「3.10　相関分析」で解説している。

4.2 ノンパラメトリック法の実際

4.2.1 ウィルコクスンの順位和検定

例題1：2つの中心位置の比較

次のデータは、生活習慣の違いによりA群とB群に分けて総コレステロールの値を記録したデータである。前章（3.2節）では、このデータにt検定を適用した。ここでは、ウィルコクスン（Wilcoxon）の順位和検定を適用する。

総コレステロールの値の記録

A	B
182	178
188	184
186	182
198	194
205	201
206	202
210	206
191	187
200	196
186	182
203	199
168	164
202	198
196	192
218	214
184	180
219	215
204	200
228	224
211	207

帰無仮説 H_0：2つの母集団分布の中心位置に差がない
対立仮説 H_1：2つの母集団分布の中心位置に差がある

データの入力

```
> A <- c(182,188,186,198,205,206,210,191,200,186,203,168,202,196,218,184,219,
+ 204,228,211)
> B <- c(178,184,182,194,201,202,206,187,196,182,199,164,198,192,214,180,215,
+ 200,224,207)
```

前章ではExcelを用いたデータの入力方法を紹介したが、ここでは、単純にRに直接入力する方法を紹介している。

ウィルコクスンの順位和検定のための関数

```
> wilcox.test(A, B, paired=F)
```

ウィルコクスンの順位和検定には、wilcox.test()という関数を利用する。書式は次のようになる。

```
wilcox.test(第1グループのデータ, 第2グループのデータ, paired=F,
alternative="two.sided")
```

「paired=F」は、データが対応づいているかどうかの設定である。対応がある場合は「paired=F」（FはFALSEの略、FALSEと入力しても可）と入力し、対応がない場合は「paired=T」（TはTRUEの略）と入力する。

「alternative="two.sided"」は、両側検定でのp値の計算を意味する。省略すると、自動的に両側検定となる。

検定の結果

```
        Wilcoxon rank sum test with continuity correction

data:  A and B
W = 236, p-value = 0.3367
alternative hypothesis: true location shift is not equal to 0

 警告メッセージ：
In wilcox.test.default(A, B, paired = F) :
   タイがあるため、正確な p 値を計算することができません
```

```
p-value = 0.3367  >  有意水準 = 0.05
```

であり、有意ではない。したがって、2つの母集団分布の中心位置に差があるとはいえない。

「タイがあるため」というのは、同じ値のデータがあるため、同順位になるデータが存在するということを意味している。次のデータ例のように、タイがないときには、このメッセージは表記されない。

タイのないデータの例

A	B
168	164
179	181
182	178
184	180
186	183
188	185
191	187
196	192
198	194
200	197
202	199
203	201
204	207
205	208
206	209
210	212
211	213
218	214
219	215
228	224

```
> A <- c(168,179,182,184,186,188,191,196,198,200,202,203,204,205,206,210,211,
+ 218,219,228)
> B <- c(164,181,178,180,183,185,187,192,194,197,199,201,207,208,209,212,213,
+ 214,215,224)
> wilcox.test(A, B, paired=F)

        Wilcoxon rank sum test
```

```
data: A and B
W = 210, p-value = 0.7994
alternative hypothesis: true location shift is not equal to 0
```

　ウィルコクスンの順位和検定は、原データを、AグループとBグループを区別せずに、データの順位をつけ、次に、グループごとの順位の和（合計）を求めて、その値の差を検討している。

4.2.2　ウィルコクスンの符号つき順位検定

例題2：対応があるときの2つの中心位置の比較

　摂取することにより、体脂肪を減らす効果があるといわれている飲料水の効果を測定したいと考えている。従業員から無作為に18人を選択し、当該飲料水を摂取する前の腹囲を測定した結果（変数A）と、同じ18人に対し、当該飲料水を毎日摂取してもらい、4週間後の腹囲を測定した結果（変数B）を記録した。このデータから、飲料水を摂取することにより、体脂肪を減らす効果があると判断してよいだろうか。

　次のデータは、生活習慣の違いによりA群とB群に分けて総コレステロールの値を記録したデータである。前章（3.4節）では、このデータに対応のあるt検定を適用した。ここでは、ウィルコクスン（Wilcoxon）の符号つき順位検定を適用する。

摂取前（A）と摂取後（B）の腹囲

A	B
97.4	98.8
90.7	88.4
68.1	66.7
94.4	90.2
84.5	84.4
89	90.5
92.5	93.8
74.5	73.9
91.3	90.9
76.3	77.4
65.9	65.7
89.6	88.3

（次ページに続く）

摂取前(A)と摂取後(B)の腹囲(前ページからの続き)

A	B
84.1	78.9
72.4	71.5
96	96.8
63.3	62.4
105.3	99.3
64	64.2

帰無仮説 H_0：差 (A − B) の母集団分布の中心位置に差がない

対立仮説 H_1：差 (A − B) の母集団分布の中心位置は正である

データの入力

```
> A <- c(97.4,90.7,68.1,94.4,84.5,89,92.5,74.5,91.3,76.3,65.9,89.6,84.1,72.4,96,
+ 63.3,105.3,64)
> B <- c(98.8,88.4,66.7,90.2,84.4,90.5,93.8,73.9,90.9,77.4,65.7,88.3,78.9,71.5,
+ 96.8,62.4,99.3,64.2)
```

ウィルコクスンの符号つき順位検定のための関数

```
> wilcox.test(A, B, paired=T, alternative="greater")
```

「`paired=T`」は、データに対応があることを意味している。このときにはウィルコクスンの符号つき順位検定が実行され、「`paired=F`」とすると、前述のウィルコクスンの順位和検定が実行される。「`alternative="greater"`」は、片側検定を実施する。

検定の結果

```
        Wilcoxon signed rank test with continuity correction

data:  A and B
V = 116.5, p-value = 0.09196
alternative hypothesis: true location shift is greater than 0

 警告メッセージ：
In wilcox.test.default(A, B, paired = T, alternative = "greater") :
```

> タイがあるため、正確な p 値を計算することができません

```
p-value = 0.09196  >  有意水準 = 0.05
```

であり、有意ではない。したがって、差（A − B）の母集団分布の中心位置は正であるとはいえない。

4.2.3　ムッド検定

例題3：ばらつきの比較

Aクラス10人とBクラス12人の学生に、数学のテストを受けさせた。以下は、その結果を記録しているデータである。これより、2つのグループの分散は等しいといえるだろうか。前章（3.5節）では、このデータにF検定を適用した。ここでは、ムッド（Mood）検定を適用する。

AクラスとBクラスの数学のテスト結果

A	B
82	72
57	63
66	64
75	74
89	66
72	52
67	55
62	40
49	49
74	74
	62
	74

帰無仮説H_0：2つの母集団分布のばらつきに差がない
対立仮説H_1：2つの母集団分布のばらつきに差がある

データの入力

```
> A <- c(82,57,66,75,89,72,67,62,49,74)
> B <- c(72,63,64,74,66,52,55,40,49,74,62,74)
```

ムッド検定のための関数

```
> mood.test(A, B)
```

検定の結果

```
Mood two-sample test of scale

data:  A and B
Z = 0.5729, p-value = 0.5667
alternative hypothesis: two.sided
```

p-value $= 0.5667$ $>$ 有意水準 $= 0.05$

であり、有意ではない。したがって、AとBの母集団分布のばらつきに差があるとはいえない。

4.2.4 クラスカル-ウォリス検定

例題4：3つ以上の中心位置の比較

次のデータは3箇所の異なる水源（変数x）から収集した上水道水に含まれる塩素の量（変数y）を記録したものである。水源地の違いによって含まれる塩素の量に違いがあるといえるだろうか。前章（3.7節）では、このデータに一元配置分散分析を適用した。ここでは、クラスカル-ウォリス（Kruskal-Wallis）検定を適用する。

3つの水源 (x) に含まれる塩素の量 (y) の記録

x	y
1	1.75
1	0.63
1	0.14
1	1.74
1	1.27
1	1.2
1	1.05
2	1.12
2	0.77
2	0.3
2	2.16
2	0.29
2	0.11
2	0.06
3	0.14
3	0.07
3	0.42
3	0.74
3	0.56
3	1.03
3	0.21

帰無仮説 H_0：3つの母集団分布の中心位置に差がない
対立仮説 H_1：3つの母集団分布の中心位置に差がある

データの入力

```
> A1 <- c(1.75,0.63,0.44,1.74,1.27,1.2,1.05)
> A2 <- c(1.12,0.77,0.3,1.16,0.29,0.11,0.06)
> A3 <- c(0.64,0.47,0.42,0.74,0.56,1.03,0.21)
```

クラスカル-ウォリス検定のための関数

```
> kruskal.test(list(A1, A2, A3))
```

クラスカル-ウォリス検定を行うには、kruskal.test() という関数を用いることになる。引数として、ベクトル入力したA1、A2、A3の個別のデータを、

list()という関数を使ってデータフレーム化している。

検定の結果

```
Kruskal-Wallis rank sum test

data:  list(A1, A2, A3)
Kruskal-Wallis chi-squared = 6.1076, df = 2, p-value = 0.04718
```

p-value $= 0.04718\ <\ $ 有意水準 $= 0.05$

であり、有意である。したがって、3つの母集団分布の中心位置に差があるといえる。

4.2.5　フリードマン検定

例題5：順位の一致性に関する検定

5つの食品A1、A2、A3、A4、A5を6人の評価者が試食した。美味しいと感じる順に順位をつけた結果、次のようになった。

5つの食品を6人の評価者が試食した順位

	A1	A2	A3	A4	A5
評価者1	4	1	2	3	5
評価者2	3	2	1	4	5
評価者3	5	1	3	2	4
評価者4	3	2	1	4	3
評価者5	4	1	2	3	5
評価者6	2	1	3	4	5

評価者間に順位の一致性があるかどうかを検定する。

帰無仮説 H_0：6人の評価者に順位の一致性がない
対立仮説 H_1：6人の評価者に順位の一致性がある

このデータは因子として、食品と評価者の2つの因子を取り上げているので、

二元配置実験のデータとなる。測定値は順位値であるので、各評価者の平均値は全員が3となり、評価者間の平均値の差を議論することには意味がない。この例における評価者のような因子をブロック因子と呼び、因子としてブロック因子を含んだ実験を乱塊法と呼んでいる。通常の測定値であれば、乱塊法による実験データは、二元配置分散分析により解析することが可能となるが、このような順位データのときにはフリードマン（Friedman）検定が適用できる。

評価者間に順位の一致性があるかどうかを見る検定であるが、これは食品間に差があるかどうかを見ていることにもなる。したがって、次のような仮説を検定していることにもなる。

帰無仮説 H_0：5つの食品間の順位に差がない
対立仮説 H_1：5つの食品間の順位に差がある

データの入力（形式1）

```
> C1 <- c(4,1,2,3,5)
> C2 <- c(3,2,1,4,5)
> C3 <- c(5,1,3,2,4)
> C4 <- c(3,2,1,4,3)
> C5 <- c(4,1,2,3,5)
> C6 <- c(2,1,3,4,5)
> X <- rbind(C1, C2, C3, C4, C5, C6)
```

フリードマンの検定で、因子が2つ登場する列方向にベクトル入力したときには、rbind() という関数を使って各列を結合し、二元表の形にしている。

データの入力（形式2）

```
> A1 <- c(4,3,5,3,4,2)
> A2 <- c(1,2,1,2,1,1)
> A3 <- c(2,1,3,1,2,3)
> A4 <- c(3,4,2,4,3,4)
> A5 <- c(5,5,4,3,5,5)
> X <- cbind(A1, A2, A3, A4, A5)
```

行方向にベクトル入力したときには、cbind()という関数を使って各行を結合し、二元表の形にしている。

フリードマン検定のための関数

```
> friedman.test(X)
```

フリードマンの検定を行うには、friedman.test()という関数を用いる。引数は二元表のデータセット名となる。

検定の結果

```
        Friedman rank sum test

data:  X
Friedman chi-squared = 16.6387, df = 4, p-value = 0.002272
```

p-value $= 0.002272\ <\ $ 有意水準 $= 0.05$

であり、有意である。したがって、6人の評価者に順位の一致性があるといえる。すなわち、5つの食品間の順位に差があるといえる。

4.2.6　マクネマー検定

マクネマー（McNemar）検定は、比べたいグループが2つあり、またカテゴリが2つ（たとえば、好きか嫌いか）で、データに対応がある場合に、割合の違いを検定するための方法である。

例題6：データに対応があるときの2×2クロス集計表

次のような2×2クロス集計表（分割表）がある。これは数学と英語の好き嫌いを学生100人に調査した結果である。

数学と英語のクロス集計表

		英語	
		好き	嫌い
数学	好き	18	12
	嫌い	20	50

英語が好きな学生の割合と、数学が好きな学生の割合に差があるといえるかどうかを検定する。

帰無仮説 H_0：英語の好きな割合 ＝ 数学の好きな割合
対立仮説 H_1：英語の好きな割合 ≠ 数学の好きな割合

このデータから、英語の好き嫌いと数学の好き嫌いは関係があるかどうかという検定を行うのであれば、3.13節で説明した独立性のカイ2乗検定を適用すればよい。これは次のように実施する。

```
> X <- matrix(c(18,12,20,50), ncol=2, byrow=T)
> chisq.test(X)

        Pearson's Chi-squared test with Yates' continuity correction

data:  X
X-squared = 7.5208, df = 1, p-value = 0.006099
```

p-value ＝ 0.006099 ＜ 有意水準 ＝ 0.05

であり、有意である。したがって、英語の好き嫌いと数学の好き嫌いは関係があるといえるという結論になる。

また、正確確率検定を行うならば、次のように実施される。正確確率検定は、データの数が少ないときに実施される精密な検定法で、正規近似やカイ2乗近似を用いる方法とは異なるものである。クロス集計表に関する検定では fisher.test() という関数を用いる。

```
> X <- matrix(c(18,12,20,50), ncol=2, byrow=T)
> fisher.test(X)
```

```
        Fisher's Exact Test for Count Data

data: X
p-value = 0.003843
alternative hypothesis: true odds ratio is not equal to 1
95 percent confidence interval:
  1.398364   10.151515
sample estimates:
odds ratio
  3.695297
```

p-value $= 0.003843\ <\ $ 有意水準 $= 0.05$

であり、有意である。したがって、英語の好き嫌いと数学の好き嫌いは関係があるといえるという結論になる。

さて、この例題では、行と列の関係を検定するのでなく、英語の好きな割合と数学の好きな割合を検定するのが目的である。カイ2乗検定にせよ、正確確率検定にせよ、独立性の検定は行と列の関係を検定しているので、この例題には不適切である。このようなときには、マクネマー検定が適用できる。

データの入力

```
> X <- matrix(c(18,12,20,50), ncol=2, byrow=T)
```

マクネマー検定のための関数

```
> mcnemar.test(X)
```

マクネマー検定を行うには、`mcnemar.test()` という関数を用いる。引数は2×2クロス集計表のデータセット名となる。

検定の結果

```
        McNemar's Chi-squared test with continuity correction

data: X
```

```
McNemar's chi-squared = 1.5312, df = 1, p-value = 0.2159
```

p-value $= 0.2159 >$ 有意水準 $= 0.05$

であり、有意でない。したがって、英語の好きな割合と数学の好きな割合に差があるとはいえないという結論になる。

4.2.7　シャピロ-ウィルク検定

データが正規分布に従っているかどうかを検定する方法の1つとして、シャピロ-ウィルク (Shapiro-Wilk) 検定と呼ばれる方法がある。

例題7：正規性の検定

次のような成人20人の体重を測定したデータがある。このデータから、体重は正規分布に従っているかどうかを検定する。

```
51,69,59,64,65,49,31,65,61,85,62,63,63,65,64,72,63,70,58,60
```

帰無仮説 H_0：正規分布に従っている
対立仮説 H_1：正規分布に従っていない

母集団分布が正規分かどうかを確かめることは、統計的検定手法を適用するうえで、外れ値の検証とともに重要な検証である。なぜならば、多くの検定手法は正規分布を前提とした理論に基づいて構築されているからである。

正規分布かどうかの検定には、度数分布表に基づいて行う適合度検定と呼ばれる方法と、ここで紹介するシャピロ-ウィルク検定がよく用いられる。

データの入力

```
> X <- c(51,69,59,64,65,49,31,65,61,85,62,63,63,65,64,72,63,70,58,60)
```

シャピロ-ウィルク検定のための関数

```
> shapiro.test(X)
```

シャピロ-ウィルクの検定を行うには、shapiro.test()という関数を用いる。引数はデータセット名となる。

検定の結果

```
        Shapiro-Wilk normality test

data: X
W = 0.8715, p-value = 0.01250
```

p-value $= 0.01250$ $<$ 有意水準 $= 0.05$

であり、有意である。したがって、正規分布に従っているとはいえないという結論になる。

4.2.8　Rのノンパラメトリック検定関数

Rに装備されているノンパラメトリック検定のための関数をまとめて列挙すると、次のようになる。

- ウィルコクスンの順位和検定（t 検定の代用）
  wilcox.test()
- ウィルコクスンの符号つき順位検定（対応のある t 検定の代用）
  wilcox.test()
- 二標本のばらつきの違いについてのムッド検定（F 検定の代用）
  mood.test()
- クラスカル-ウォリス検定（一元配置分散分析の代用）
  kruskal.test()
- フリードマン検定（二元配置分散分析-乱塊法の代用）
  friedman.test()
- 2×2クロス集計表におけるマクネマー検定
  mcnemar.test()
- 正規性に対するシャピロ-ウィルク検定
  shapiro.test()

以上のほかに次のような検定のための関数もある。

- アンサリー-ブラッドレー（Ansari-Bradley）検定　（分散の違いに関する検定）
  ansari.test()
- フリグナー-キリーン（Fligner-Killeen）検定　（メディアン検定）
  fligner.test()
- クェード（Quade）検定　（繰り返しのないブロック化データ）
  quade.test()

ちなみに、apropos()関数を使って、apropos(".test")と入力すると、Rに用意されている検定のための関数が、すべてではないが一覧することができる。

```
> apropos(".test")
 [1] ".valueClassTest"    "ansari.test"
 [3] "bartlett.test"      "binom.test"
 [5] "Box.test"           "chisq.test"
 [7] "cor.test"           "file_test"
 [9] "fisher.test"        "fligner.test"
[11] "friedman.test"      "kruskal.test"
[13] "ks.test"            "mantelhaen.test"
[15] "mauchley.test"      "mauchly.test"
[17] "mcnemar.test"       "mood.test"
[19] "oneway.test"        "pairwise.prop.test"
[21] "pairwise.t.test"    "pairwise.wilcox.test"
[23] "poisson.test"       "power.anova.test"
[25] "power.prop.test"    "power.t.test"
[27] "PP.test"            "prop.test"
[29] "prop.trend.test"    "quade.test"
[31] "shapiro.test"       "t.test"
[33] "var.test"           "wilcox.test"
```

第5章

多重比較

5.1 多重比較の概要

3つ以上の比較対象があるときに、2つずつ取り上げて差の有無を検定する方法を多重比較という。

5.1.1 分散分析と多重比較

分散分析による解析

今、プラスチック成形部品の素材として、4つの素材を用意して、どの素材が強度に優れているかという実験を行ったとしよう。4つの素材をA1、A2、A3、A4として、平均値を比較することが、この実験の目的になる。収集した実験データを以下に示す。測定値は強度である。

一元配置実験のデータ

A1	A2	A3	A4
18.5	17.2	26.1	32.5
16.4	23.9	21.3	32.1
23.4	18.7	23.6	25.9
19.8	23.1	29.7	25.5

このような実験データは最初に一元配置分散分析を適用することになり、検定仮説は次のようになる。

帰無仮説 H_0：$\mu_1 = \mu_2 = \mu_3 = \mu_4$
対立仮説 H_1：少なくとも1つの母平均 μ_j が他の母平均と異なる
 $(j = 1, 2, 3, 4)$

一元配置分散分析を適用すると、次のような結果を得ることができる。

```
            Df  Sum Sq  Mean Sq  F value   Pr(>F)
A            3  226.05   75.349   6.4262  0.007656 **
Residuals   12  140.70   11.725
---
Signif. codes:  0 '***' 0.001 '**' 0.01 '*' 0.05 '.' 0.1 ' '
```

p-value $= 0.007656\ <$ 有意水準 $= 0.05$

であり、有意である。すなわち、4つの母平均に差があるといえるという結論が得られる。

グラフは次のように表現できる。

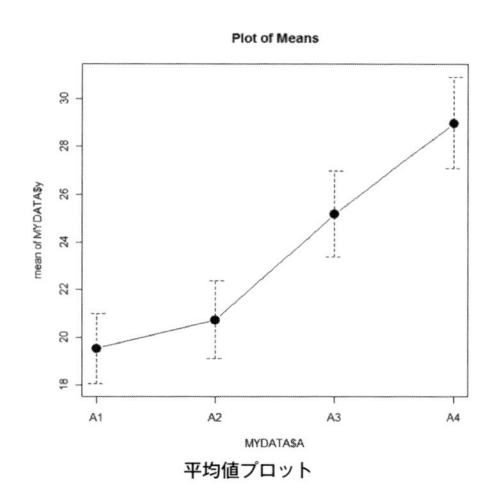

Plot of Means

平均値プロット

A1とA2には、大きな差が見られない。

この分散分析表を得るための手順は以下のようになっている。

① データの入力とデータフレームの作成

```
> A1 <- c(18.5,16.4,23.4,19.8)
> A2 <- c(17.2,23.9,18.7,23.1)
> A3 <- c(26.1,21.3,23.6,29.7)
> A4 <- c(32.5,32.1,25.9,25.5)
> MYDATA <- data.frame(A=factor(c(rep("A1",4), rep("A2",4), rep("A3",4),
+ rep("A4",4))), y=c(A1,A2,A3,A4))
```

②データの確認

```
> MYDATA
    A    y
1  A1 18.5
2  A1 16.4
3  A1 23.4
4  A1 19.8
5  A2 17.2
6  A2 23.9
7  A2 18.7
8  A2 23.1
9  A3 26.1
10 A3 21.3
11 A3 23.6
12 A3 29.7
13 A4 32.5
14 A4 32.1
15 A4 25.9
16 A4 25.5
```

③分散分析の実施

```
> AN1 <- aov(y~A, data=MYDATA)
> summary(AN1)
```

 aov()が分散分析のための関数である。summary()は分散分析の結果を整理して、表示させるための関数である。

> **注**：3.6節と同じように関数oneway.test()を使っても、同様の結果を得ることができる。

```
> oneway.test(y~A, data=MYDATA, var.equal=T)

        One-way analysis of means

data:  y and A
F = 6.4262, num df = 3, denom df = 12, p-value = 0.007656
```

④グラフの作成

```
> plotMeans(MYDATA$y, MYDATA$A, error.bars="se")
```

多重比較への展開

　一元配置分散分析の結果、4つの母平均（μ_1、μ_2、μ_3、μ_4）に差があることがわかった。しかし、分散分析で判明するのはここまでであり、どの母平均の間に差があるのかということまではわからない。

　分散分析で有意な結果が得られたときに、2つずつ取り上げて、どの母平均の間に差があり、どの母平均の間には差がないのかを検定する方法が多重比較である。

　ここで、2つずつ水準を取り上げて、

A1とA2
A1とA3
A1とA4
A2とA3
A2とA4
A3とA4

の組み合わせで、2つの母平均の差の検定を行うことが考えられる。すなわち、t 検定を6回行うという方法である。しかし、この方法では、個々の検定を有意水準 α（通常は0.05）とすると、全体の有意水準を α にすることができない。また、個々の検定が独立にはならないという問題があり、t 検定を複数回実施するのは不適切な方法となる。

　そこで考え出されたのが多重比較という方法である。多重比較には、多くの手法が提案されているが、本書では代表的なものを取り上げて紹介していくことにする。

5.1.2　多重比較の方法

　多重比較は、全体の有意水準を維持するためにどのような工夫がなされているかで、次の2つの方法に分けることができる。

① 検定統計量を調整して全体の有意水準を維持する方法
② p値あるいは有意水準を調整して全体の有意水準を維持する方法

①の代表的な方法としてテューキー（Tukey）の方法があり、②の代表的な方法としてボンフェローニ（Bonferroni）法やホルム（Holm）法がある。

テューキーのHSD法

テューキー（Tukey）の方法は、母平均に関して、グループ間（水準間）のすべての比較を同時に検定するための多重比較法である。テューキーの方法では以下の前提条件が満たされていなければならない。

① 母集団分布は正規分布とする
② 比較対象となる群の母分散は等しい

テューキーの方法には、HSD法（Tukey's honestly significant difference test）とWSD法（Tukey's wholly significant difference test）がある。一般にテューキーの方法というときにはHSD法のほうを指す。

ボンフェローニ法とホルム法

ボンフェローニ（Bonferroni）法とホルム（Holm）法はどちらも、p値または有意水準を調整して、複数回のt検定を実施する多重比較法である。

検定を実施する総回数がkの場合、それぞれの検定の有意水準をαから$\frac{\alpha}{k}$に変更する方法が、ボンフェローニ法である。たとえば、検定回数が10ならば、10回の検定すべてにおいて、有意水準を$\frac{0.05}{10} = 0.005$に変更する。あるいは、p値を10倍して、0.05との比較を行う。このため、非常に保守的な調整法となっている。保守的とは、有意になりにくいということであり、第2種の過誤を犯す確率βが高くなる。

ボンフェローニ法の有意水準を緩くしたのがホルム法である。ホルム法ではp値の大きさに従って、有意水準αが異なる。ホルム法は次のような考え方でαを調整している。

① k 個の検定結果を p 値の小さい順に並べる。
② 最も p 値が小さい第1順位の帰無仮説の有意水準を $\frac{\alpha}{k}$ にする。

p 値 $< \frac{\alpha}{k}$ であれば、第1順位の帰無仮説を棄却する。

p 値 $> \frac{\alpha}{k}$ であれば、以下のすべての帰無仮説の判定を保留する。

③ 第1順位の帰無仮説が棄却された場合、第2順位の帰無仮説の有意水準を $\frac{\alpha}{k-1}$ にする。

p 値 $< \frac{\alpha}{k-1}$ であれば、第2順位の帰無仮説を棄却する。

p 値 $> \frac{\alpha}{k-1}$ であれば、第2順位以下のすべての帰無仮説の判定を保留する。

④ 上記③の $k-1$ を、$k-2$、$k-3$ と減算させながら繰り返す。

このほかの代表的な多重比較の方法には、次のようなものがある。

ダネット法

ダネット（Dunnett）の方法は、すべての対の比較を行うのではなく、ある特定の1つのグループと他の複数のグループの母平均を比較するときに用いる多重比較法である。たとえば、1つの対照群と2つ以上の処理群があって、対照群と処理群の対比較のみを同時に検定したいという状況で用いることができる。

スティール-ドゥワス法

スティール-ドゥワス（Steel-Dwass）の方法は、テューキーのHSD法のノンパラメトリック版である。中心位置について、グループ間（水準間）のすべての比較を同時に検定するための多重比較法である。

スティール法

スティール（Steel）の方法は、ダネット法のノンパラメトリック版である。ある特定の1つのグループと他の複数のグループの中心位置に関する比較を行うときに用いる多重比較法である。

5.2 多重比較の実際

5.2.1 テューキーのHSD法

例題1：テューキーのHSD法による多重比較

次のデータ（先の数値例）を使って、どの水準間の母平均に差があるかを検定する。

一元配置実験のデータ

A1	A2	A3	A4
18.5	17.2	26.1	32.5
16.4	23.9	21.3	32.1
23.4	18.7	23.6	25.9
19.8	23.1	29.7	25.5

データの入力

```
> A1 <- c(18.5,16.4,23.4,19.8)
> A2 <- c(17.2,23.9,18.7,23.1)
> A3 <- c(26.1,21.3,23.6,29.7)
> A4 <- c(32.5,32.1,25.9,25.5)
> MYDATA <- data.frame(A=factor(c(rep("A1",4), rep("A2",4), rep("A3",4),
+ rep("A4",4))), y=c(A1,A2,A3,A4))
```

テューキーのHSD法のための関数

```
> TukeyHSD(aov(y~A, data=MYDATA))
```

テューキーのHSD法を実施するためには、`TukeyHSD()`という関数を利用する。引数は関数`aov()`による分散分析の結果を用いる。

多重比較の結果

```
Tukey multiple comparisons of means
    95% family-wise confidence level
```

```
Fit: aov(formula = y ~ A, data = MYDATA)

$A
       diff       lwr       upr     p adj
A2-A1 1.200 -5.988545  8.388545 0.9585528
A3-A1 5.650 -1.538545 12.838545 0.1446383
A4-A1 9.475  2.286455 16.663545 0.0096075
A3-A2 4.450 -2.738545 11.638545 0.3036827
A4-A2 8.275  1.086455 15.463545 0.0228708
A4-A3 3.825 -3.363545 11.013545 0.4249118
```

p 値が 0.05 以下で有意となっている組み合わせは、次のとおりであることがわかる。

有意な組み合せ

組み合わせ	p 値
A4 と A1	0.0096075
A4 と A2	0.0228708

A4 は A1 および A2 と有意な差があるといえる。

5.2.2　ボンフェローニ法とホルム法

例題2：ボンフェローニ法とホルム法による多重比較

例題1と同じデータを使って、ボンフェローニ法とホルム法で多重比較を行う。

4つの素材の強度

A1	A2	A3	A4
18.5	17.2	26.1	32.5
16.4	23.9	21.3	32.1
23.4	18.7	23.6	25.9
19.8	23.1	29.7	25.5

データの入力

```
> A1 <- c(18.5,16.4,23.4,19.8)
```

```
> A2 <- c(17.2,23.9,18.7,23.1)
> A3 <- c(26.1,21.3,23.6,29.7)
> A4 <- c(32.5,32.1,25.9,25.5)
> DATAY <- c(A1,A2,A3,A4)
> DATAX <- c(rep("A1",4), rep("A2",4), rep("A3",4), rep("A4",4))
```

　ボンフェローニ法とホルム法では分散分析の結果を引用するわけではないので、例題1のようにデータのフレーム化は行っていない。

ボンフェローニ法のための関数

```
> pairwise.t.test(DATAY, DATAX, p.adj="bonferroni")
```

　t 検定を複数用いる多重比較では、`pairwise.t.test()` という関数を用いる。引数として「測定値のデータセット名」、「因子変数名」、「p 値の調整方法」を順に指定する。p 値の調整方法は「p.adj="○○○"」の形で指定する。ボンフェローニ法のときには「p.adj="bonferroni"」と記述する。

ホルム法のための関数

```
> pairwise.t.test(DATAY, DATAX, p.adj="holm")
```

　ホルム法のときには「p.adj="holm"」と記述する。

多重比較の結果
①ボンフェローニ法

```
        Pairwise comparisons using t tests with pooled SD

data:  DATAY and DATAX

   A1    A2    A3
A2 1.000 -     -
A3 0.227 0.546 -
A4 0.012 0.031 0.841

P value adjustment method: bonferroni
```

A4とA1のp値が0.012、A4とA2のp値が0.031となっており、有意な差があることがわかる。

②ホルム法

```
        Pairwise comparisons using t tests with pooled SD

data:  DATAY and DATAX

   A1    A2    A3
A2 0.629 -     -
A3 0.151 0.273 -
A4 0.012 0.026 0.280

P value adjustment method: holm
```

A4とA1のp値が0.012、A4とA2のp値が0.026となっており、有意な差があることがわかる。

このほかに、ホメル（Hommel）法、ホッチバーグ（Hochberg）法と呼ばれる方法もあり、Rで実施することができる。以下に、実施例を示す。

```
> pairwise.t.test(DATAY, DATAX, p.adj="hommel")

        Pairwise comparisons using t tests with pooled SD

data:  DATAY and DATAX

   A1    A2    A3
A2 0.629 -     -
A3 0.151 0.210 -
A4 0.012 0.026 0.280

P value adjustment method: hommel
```

```
> pairwise.t.test(DATAY, DATAX, p.adj="hochberg")

        Pairwise comparisons using t tests with pooled SD
```

```
data:  DATAY and DATAX

   A1    A2    A3
A2 0.629 -     -
A3 0.151 0.273 -
A4 0.012 0.026 0.280

P value adjustment method: hochberg
```

5.2.3　ダネット法

例題3：ダネット法による多重比較

データは、これまでと同じものを使う。

一元配置実験のデータ

A1	A2	A3	A4
18.5	17.2	26.1	32.5
16.4	23.9	21.3	32.1
23.4	18.7	23.6	25.9
19.8	23.1	29.7	25.5

A1を従来材料、A2、A3、A4を改良材料として、

A1とA2
A1とA3
A1とA4

の母平均に関する有意差検定を行うことを考える。

このように、すべての組み合わせに興味があるのではなく、1つの対照群（従来材料：A1）があり、それとほかの複数の処置群（改良材料：A2、A3、A4）との比較に興味があるような状況では、ダネット法による多重比較を適用する。

データの入力

```
> A1 <- c(18.5,16.4,23.4,19.8)
```

```
> A2 <- c(17.2,23.9,18.7,23.1)
> A3 <- c(26.1,21.3,23.6,29.7)
> A4 <- c(32.5,32.1,25.9,25.5)
> MYDATA <- data.frame(A=factor(c(rep("A1",4), rep("A2",4), rep("A3",4),
+ rep("A4",4))), y=c(A1,A2,A3,A4)
```

ダネット法のための関数

```
> res1 <- aov(y~A, data=MYDATA)
> library(multcomp)
> res2 <- glht(res1, linfct=mcp(A="Dunnett"))
> summary(res2)
```

ダネット法を実施するときの要点は次のとおりである。

① 関数aov()を使って、分散分析を実施する。
② その結果をres1というオブジェクトに格納する。
③ multcompライブラリをロードする。
④ 関数glht()の第1引数として「res1」を渡す。glht()は一般線形仮説(general linear hypotheses)と多重比較のための関数である。
⑤ 関数glht()の第2引数を「linfct=mcp(因子名="Dunnett")」とする。
⑥ その結果をsummary()で表示させる。

多重比較の結果

```
Simultaneous Tests for General Linear Hypotheses

Multiple Comparisons of Means: Dunnett Contrasts

Fit: aov(formula = y ~ A, data = MYDATA)

Linear Hypotheses:
            Estimate Std. Error t value Pr(>|t|)
A2 - A1 == 0    1.200      2.421   0.496  0.92527
A3 - A1 == 0    5.650      2.421   2.333  0.09205 .
A4 - A1 == 0    9.475      2.421   3.913  0.00562 **
---
Signif. codes:  0 '***' 0.001 '**' 0.01 '*' 0.05 '.' 0.1 ' ' 1
```

```
(Adjusted p values reported -- single-step method)
```

処置群の中のA4が対照群A1と有意な差がある（p値 $= 0.00562$）ということが示されている。

第6章

検定の検出力

第6章 検出力

6.1 検出力の概要

本来は差があるときに、有意差ありと判定する確率を検出力という。検出力は計算により求めることができる。

6.1.1 検出力の考え方

検定における判断の誤り

帰無仮説H_0が本当は真であるときに、H_0を棄却する誤りを第1種の過誤という。その確率は有意水準αとなる。一方、帰無仮説H_0が本当は真でないときに、H_0を棄却しない誤りを第2種の過誤という。その確率はβという記号で表される。

検定における2つの誤り

		検定の結果	
		H_0	H_1
本当の状態	H_0	○	第1種の過誤
	H_1	第2種の過誤	○

※○は検定で正しい判断を下していることになる。

検定では、有意水準αを0.05という小さな値に設定している。このことは、第1種の過誤を犯す確率αを0.05という小さな値に設定していることになる。一方で、βの値は不明である。

検出力とは

検出力とは、母集団に差があるときに、正しく有意である(差がある)と判定する確率のことで、$1 - \beta$と表現される。βは検定における第2種の誤りを犯す確率を意味し、本来は母集団に差があるにもかかわらず、有意と判定しない確率を意味している。βおよび$1 - \beta$の計算は、検定の有意水準、検出したい差、標本サイズnによって、変化し、これらの値から計算される。

6.1.2 　検出力の計算

母平均に関する検定と検出力

母平均に関する検定（$H_0 : \mu = \mu_0$）を例に解説していくことにしよう。ここでは、次のような検定を考えることにする。

$H_0 : \mu = 50$
$H_1 : \mu > 50$

$n = 25$ とする。また、既知の母標準偏差 σ の値を 25 とする。
この検定の統計量 Z_0 は、平均値を $\bar{x}$ とすると、次のように計算される。

$$Z_0 = \frac{\bar{x} - 50}{\frac{\sigma}{\sqrt{n}}} = \frac{\bar{x} - 50}{\frac{25}{\sqrt{25}}} = \frac{\bar{x} - 50}{5}$$

また、棄却域（H_0 を棄却する領域）は片側検定であるから、次のように設定される。

$Z_0 \geq 1.645$

したがって、

$$\frac{\bar{x} - 50}{5} \geq 1.645$$

のときに有意となる。$\bar{x}$ について書き直すと、次のようになる。

$\bar{x} \geq 50 + 1.645 \times 5$
$\bar{x} \geq 58.225$

このことを次の図で表すことにしよう。

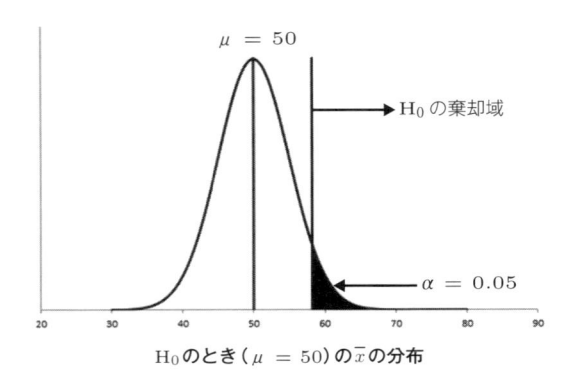

H_0のとき($\mu=50$)の$\bar{x}$の分布

次に、対立仮説が真であるときの$\bar{x}$の分布を示すことにしよう。ここでは、真のμの値を65とする。母標準偏差は同じく$\sigma=25$としておく。

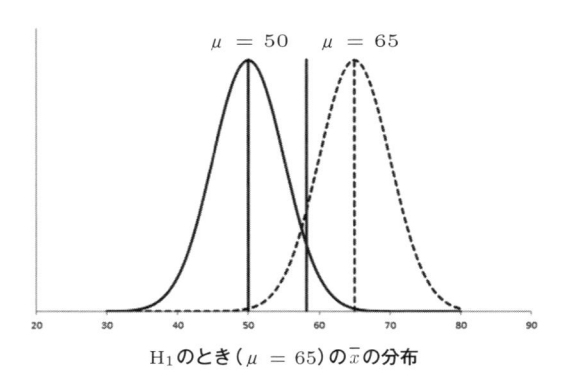

H_1のとき($\mu=65$)の$\bar{x}$の分布

$\mu=65$であるときに、$H_0:\mu=50$が棄却される確率は、次の図の灰色の領域となる。

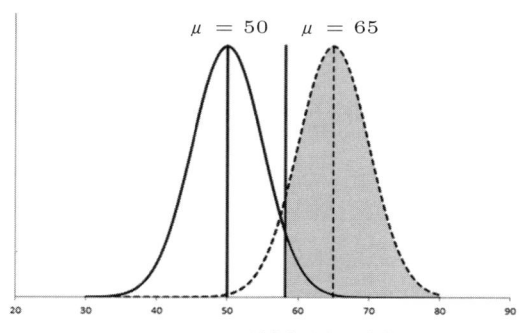

$\mu = 50$　　$\mu = 65$

$H_0: \mu = 50$ が棄却される確率

この確率は、Rでは次のように求めることができる。

```
> x <- 58.225
> n <- 25
> sig <- 25
> sigxbar <- sig/sqrt(n)
> pp <- pnorm(x, mean=65, sd=sigxbar, lower.tail=TRUE)
> power <- 1-pp
> power
[1] 0.9122912
```

0.9122912（91.2%）という値が、このときの検出力となる。

検出したい差が大きくなるほど、n が大きくなるほど、σ が小さくなるほど、検出力は高くなる。

6.2 検出力の実際

6.2.1 母平均に関する検定

Rにはt検定における検出力を求めるための関数power.t.test()が用意されているので、その使い方を紹介していくことにする。

例題1：t検定の検出力

σ未知の母平均に関する検定を想定する。帰無仮説H_0、対立仮説H_1、有意水準αは、次のとおりである。

$H_0：\mu = 50$
$H_1：\mu > 50$
有意水準$\alpha = 0.05$

検出したい差を10、標本サイズnを30とするときの検出力を求める。母標準偏差は未知であるが、ここでは20と仮定する。

Rの関数

```
> power.t.test(n=30, delta=10, sd=20, sig.level=0.05, type="one.sample",
+ alternative="one.sided")
```

Rの結果

```
    One-sample t test power calculation

          n = 30
      delta = 10
         sa = 20
  sig.level = 0.05
      power = 0.8482542
alternative = one.sided
```

検出力は0.8482542と求められている。

例題2:t検定の例数

例題1と同様に、σ未知の母平均に関する検定を想定する。帰無仮説H_0、対立仮説H_1、有意水準αは次のとおりである。

H_0:$\mu = 50$
H_1:$\mu > 50$
有意水準$\alpha = 0.05$

検出したい差を10、検出力を0.9としたいとき、標本サイズnをいくつにしなければいけないか求める。ただし、母標準偏差を20と仮定する。

Rの関数

```
> power.t.test(delta=10, sd=20, sig.level=0.05, power=0.9, type="one.sample",
+ alternative="one.sided")
```

Rの結果

```
One-sample t test power calculation

          n = 35.65268
      delta = 10
         sa = 20
  sig.level = 0.05
      power = 0.9
alternative = one.sided
```

$n = 35.65268$と求められている。したがって、必要なデータの数は36以上ということになる。

例題1と例題2で見てきたように、Rの関数power.t.test()を使うことで、以下を求めることが可能となる。

① 検出したい差と標本サイズn から 検出力$1 - \beta$
② 検出したい差と検出力$1 - \beta$ から 標本サイズn

6.2.2　2つの母平均の差に関する検定

例題3：t検定（対応なし）の検出力

2つの母平均の差に関する検定を想定する。帰無仮説H_0、対立仮説H_1、有意水準αは次のとおりである。

$H_0 : \mu_A = \mu_B$
$H_1 : \mu_A \neq \mu_B$
有意水準 $\alpha = 0.05$

検出したい差を10、標本サイズ$n_A = n_B = 20$とするとき、検出力を求める。ただし、母標準偏差を$\sigma_A = \sigma_B = 15$と仮定する。

Rの関数

```
> power.t.test(n=20, delta=10, sd=15, sig.level=0.05, type="two.sample",
+ alternative="two.sided")
```

Rの結果

```
Two-sample t test power calculation

              n = 20
          delta = 10
             sd = 15
      sig.level = 0.05
          power = 0.5377573
    alternative = two.sided

NOTE: n is number in *each* group
```

検出力は0.5377573と求められている。

例題4：t検定（対応なし）の例数

例題3と同様に、2つの母平均の差に関する検定を想定する。帰無仮説H_0、

対立仮説 H_1、有意水準 α は次のとおりである。

$H_0 : \mu_A = \mu_B$
$H_1 : \mu_A \neq \mu_B$
有意水準 $\alpha = 0.05$

検出したい差を 10、検出力 0.9 としたいとき、標本サイズ n をいくつにしなければならないかを求める。ただし、母標準偏差を $\sigma_A = \sigma_B = 15$ と仮定する。

Rの関数

```
> power.t.test(delta=10, sd=15, sig.level=0.05, power=0.9, type="two.sample",
+ alternative="two.sided")
```

Rの結果

```
Two-sample t test power calculation

              n = 48.26431
          delta = 10
             sd = 15
      sig.level = 0.05
          power = 0.9
    alternative = two.sided

NOTE: n is number in *each* group
```

標本サイズ $n = 48.26431$ と求められている。したがって、必要なデータの数は各グループ 49 以上となる。

ちなみに、標本サイズ $n_A = n_B = 48$ として検出力を計算すると、次のようになる。

```
> power.t.test(n=48, delta=10, sd=15, sig.level=0.05, type="two.sample",
+ alternative="two.sided")

    Two-sample t test power calculation
```

```
            n = 48
        delta = 10
           sd = 15
    sig.level = 0.05
        power = 0.8983981
  alternative = two.sided

NOTE: n is number in *each* group
```

検出力は0.8983981となり、0.9を超えていない。

一方、標本サイズ$n_A = n_B = 49$として検出力を計算すると、次のようになる。

```
> power.t.test(n=49, delta=10, sd=15, sig.level=0.05, type="two.sample",
+ alternative="two.sided")

Two-sample t test power calculation

            n = 49
        delta = 10
           sd = 15
    sig.level = 0.05
        power = 0.9043394
  alternative = two.sided

NOTE: n is number in *each* group
```

検出力は0.9043394となり、0.9を確保できていることがわかる。

6.2.3 　対応のある2つの母平均の差に関する検定

例題5：t検定（対応あり）の検出力

対応のあるデータにおける2つの母平均の差に関する検定を想定する。帰無仮説H_0、対立仮説H_1、有意水準αは次のとおりである。

$H_0：\mu_A - \mu_B = 0$
$H_1：\mu_A - \mu_B \neq 0$
有意水準 $\alpha = 0.05$

検出したい差を10、標本サイズ$n_A = n_B = 20$とするとき、検出力を求める。ただし、差の標準偏差を$\sigma_d = 15$と仮定する。

Rの関数

```
> power.t.test(n=20, delta=10, sd=15, sig.level=0.05, type="paired",
+ alternative="two.sided")
```

Rの結果

```
        Paired t test power calculation

              n = 20
          delta = 10
             sd = 15
      sig.level = 0.05
          power = 0.8072909
    alternative = two.sided

NOTE: n is number of *pairs*, sd is std.dev. of *differences* within pairs
```

検出力は0.8072909と求められている。

例題6：t検定（対応あり）の例数

例題5と同様に、対応のある2つの母平均の差に関する検定を想定する。帰無仮説H_0、対立仮説H_1、有意水準αは次のとおりである。

$H_0 : \mu_A - \mu_B = 0$
$H_1 : \mu_A - \mu_B \neq 0$
有意水準$\alpha = 0.05$

検出したい差を10、検出力0.9としたいとき、標本サイズnをいくつにしなければならないかを求める。ただし、差の標準偏差を$\sigma_d = 15$と仮定する。

Rの関数

```
> power.t.test(delta=10, sd=15, sig.level=0.05, power=0.9, type="paired",
+ alternative="two.sided")
```

Rの結果

```
Paired t test power calculation

              n = 25.6399
          delta = 10
             sd = 15
      sig.level = 0.05
          power = 0.9
    alternative = two.sided

NOTE: n is number of *pairs*, sd is std.dev. of *differences* within pairs
```

標本サイズ$n = 25.6399$と求められている。したがって、必要なデータの数は各グループ26以上となる。

6.2.4　一元配置分散分析

例題7：一元配置分散分析の検出力

水準の数が4、各水準の繰り返し数nを3とする一元配置分散分析を想定したとき、群間変動が群内変動の2倍となった場合の検出力を求める。有意水準αは0.05とする。

一元配置実験のデータ表

		A1	A2	A3	A4
繰り返し	1				
	2				
	3				

Rの関数

```
> power.anova.test(groups=4, n=3, between.var=2, within.var=1, sig.level=0.05)
```

分散分析における検出力を計算し、例数を求めるときには、関数power.anova.test()が有効である。この関数には引数として、「比較するグループの数」、「各グループの繰り返し数」、「群間分散」、「群内分散」、「有意水準」を指定する。

Rの結果

```
Balanced one-way analysis of variance power calculation

         groups = 4
              n = 3
    between.var = 2
     within.var = 1
      sig.level = 0.05
          power = 0.8009998

NOTE: n is number in each group
```

検出力は0.8009998と求められている。

例題8：一元配置分散分析の例数

水準の数が3、各水準の繰り返し数をnとする一元配置分散分析を想定したとき、群間変動が群内変動の2倍となった場合の検出力を0.9とするには、繰り返し数nをいくつにすればよいかを求める。有意水準αは0.05とする。

Rの関数

```
> power.anova.test(groups=3, between.var=2, within.var=1, sig.level=0.05,
+ power=0.9)
```

Rの結果

```
Balanced one-way analysis of variance power calculation

         groups = 3
              n = 4.351617
```

```
    between.var = 2
     within.var = 1
      sig.level = 0.05
          power = 0.9

NOTE: n is number in each group
```

繰り返し数$n = 4.351617$と求められている。したがって、以下のように、各水準における繰り返し数は5以上とする一元配置実験を計画することになる。

一元配置実験のデータ表

		A1	A2	A3
繰り返し	1			
	2			
	3			
	4			
	5			

6.2.5　割合に関する検定

例題9：割合の差に関する検定の検出力

次のような2つのグループの割合の差に関する検定を想定する。

H_0：$\pi_A = \pi_B$
H_1：$\pi_A \neq \pi_B$
有意水準$\alpha = 0.05$

第1グループの母割合π_Aが0.3、第2グループの母割合π_Bが0.5、各グループの標本サイズ$n_A = n_B = 50$とするとき、検出力を求める。

Rの関数

```
> power.prop.test(n=50, p1=0.3, p2=0.5, sig.level=0.05, alternative="two.sided")
```

2つの母集団における割合を検定するときの検出力を計算し、例数を求めるときには、関数`power.prop.test()`を利用する。この関数には引数として、

「各グループの標本サイズ」、「第1グループの母割合」、「第2グループの母割合」
「有意水準」、「片側検定か両側検定か」を指定する。

Rの結果

```
    Two-sample comparison of proportions power calculation

              n = 50
             p1 = 0.3
             p2 = 0.5
      sig.level = 0.05
          power = 0.5330844
    alternative = two.sided

NOTE: n is number in *each* group
```

検出力は0.5330844と求められている。

例題10：割合の差に関する検定の例数

例題9と同様に、次のような2つのグループの割合の差に関する検定を想定する。

H_0：$\pi_A = \pi_B$
H_1：$\pi_A \neq \pi_B$
有意水準 $\alpha = 0.05$

第1グループの母割合 π_A が0.3、第2グループの母割合 π_B が0.5とするとき、検出力を0.9とするには、各グループの標本サイズ n をいくつにすればよいかを求める。

Rの関数

```
> power.prop.test(p1=0.3, p2=0.5, sig.level=0.05, power=0.9,
+ alternative="two.sided")
```

Rの結果

```
    Two-sample comparison of proportions power calculation

              n = 123.9986
             p1 = 0.3
             p2 = 0.5
      sig.level = 0.05
          power = 0.9
    alternative = two.sided

NOTE: n is number in *each* group
```

$n = 123.9986$ と求められている。したがって、各グループから124ずつの例数が必要であることがわかる。

付録 A

Excelによる検定

付録A　Excelによる検定

Excelによりデータを入力し、Rにより統計解析を実施するという進め方は本文でも紹介しているが、Excelにも検定を実施するための関数が装備されている。そこで、この付録では、Excelによる検定結果をRによる結果と対比させて紹介する。

A.1　2つの平均値の差の検定

データ

	A	B	C	D	E	F
1	A	B		p値	0.194688	(片側)
2	182	178		p値	0.389375	(両側)
3	188	184				
4	186	182				
5	198	194				
6	205	201				
7	206	202				
8	210	206				
9	191	187				
10	200	196				
11	186	182				
12	203	199				
13	168	164				
14	202	198				
15	196	192				
16	218	214				
17	184	180				
18	219	215				
19	204	200				
20	228	224				
21	211	207				

2グループのデータとt検定のp値

セル E1：=T.TEST(A2:A21,B2:B21,1,2)

セル E2：=T.TEST(A2:A21,B2:B21,2,2)

関数 T.TEST( )

T.TESTはt検定におけるp値を計算する。書式は次のとおりである。

=T.TEST(第1グループのデータ範囲,第2グループのデータ範囲,c,d)

注：本書で取り上げているExcelのバージョンはExcel 2010である。

c：片側検定のときには1
　　　　両側検定のときには2
　　d：対応のあるt検定のときには1
　　　　対応のないt検定で等分散を仮定するときには2
　　　　対応のないt検定で等分散を仮定しないときには3

分析ツールによる結果

　Excelにはデータ解析のための分析ツールと呼ばれるアドインソフトが組み込まれている。

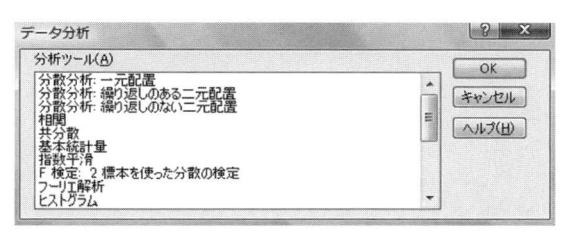

データ分析

　このツールを使っても、t検定を行うことができる。実行結果を以下に示す。

	A	B	C	D	E	F	G
1	A	B		t-検定: 等分散を仮定した2標本による検定			
2	182	178					
3	188	184			A	B	
4	186	182		平均	199.25	195.25	
5	198	194		分散	211.0395	211.0395	
6	205	201		観測数	20	20	
7	206	202		プールされた分散	211.0395		
8	210	206		仮説平均との差異	0		
9	191	187		自由度	38		
10	200	196		t	0.870719		
11	186	182		P(T<=t) 片側	0.194688		
12	203	199		t 境界値 片側	1.685954		
13	168	164		P(T<=t) 両側	0.389375		
14	202	198		t 境界値 両側	2.024394		
15	196	192					
16	218	214					
17	184	180					
18	219	215					
19	204	200					
20	228	224					
21	211	207					

t検定の結果

Rの結果

```
        Two Sample t-test

data:  data3_3$A and data3_3$B
t = 0.8707, df = 38, p-value = 0.3894
alternative hypothesis: true difference in means is not equal to 0
95 percent confidence interval:
 -5.299871 13.299871
sample estimates:
mean of x mean of y
   199.25    195.25
```

A.2 対応のある2つの平均値の差の検定

データ

	A	B	C	D	E	F	G
1	A	B		p値	0.042192	(片側)	
2	97.4	98.8		p値	0.084385	(両側)	
3	90.7	88.4					
4	68.1	66.7					
5	94.4	90.2					
6	84.5	84.4					
7	89	90.5					
8	92.5	93.8					
9	74.5	73.9					
10	91.3	90.9					
11	76.3	77.4					
12	65.9	65.7					
13	89.6	88.3					
14	84.1	78.9					
15	72.4	71.5					
16	96	96.8					
17	63.3	62.4					
18	105.3	99.3					
19	64	64.2					
20							

対応のある2グループのデータとt検定のp値

セル E1：=T.TEST(A2:A19,B2:B19,1,1)

セル E2：=T.TEST(A2:A19,B2:B19,2,1)

関数 T.TEST( )

対応のあるt検定のときには、T.TEST()の4番目の引数を1とする。

分析ツールによる結果

	A	B	C	D	E	F	G
1	A	B		t-検定: 一対の標本による平均の検定ツール			
2	97.4	98.8					
3	90.7	88.4			A	B	
4	68.1	66.7		平均	83.29444	82.33889	
5	94.4	90.2		分散	164.5006	155.8978	
6	84.5	84.4		観測数	18	18	
7	89	90.5		ピアソン相関	0.985087		
8	92.5	93.8		仮説平均との差異	0		
9	74.5	73.9		自由度	17		
10	91.3	90.9		t	1.832938		
11	76.3	77.4		P(T<=t) 片側	0.042192		
12	65.9	65.7		t 境界値 片側	1.739607		
13	89.6	88.3		P(T<=t) 両側	0.084385		
14	84.1	78.9		t 境界値 両側	2.109816		
15	72.4	71.5					
16	96	96.8					
17	63.3	62.4					
18	105.3	99.3					
19	64	64.2					

対応のある t 検定の結果

Rの結果

```
        Paired t-test

data:  data3_5$A and data3_5$B
t = 1.8329, df = 17, p-value = 0.04219
alternative hypothesis: true difference in means is greater than 0
95 percent confidence interval:
 0.04865596        Inf
sample estimates:
mean of the differences
              0.9555556
```

A.3 2つの分散の比の検定

データ

	A	B	C	D	E	F
1	A	B		p値	0.10905	(片側)
2	82	32		p値	0.21809	(両側)
3	57	63				
4	66	44				
5	75	74				
6	89	66				
7	72	52				
8	67	55				
9	62	40				
10	49	79				
11	74	84				
12		62				
13		89				
14						

2グループのデータとF検定のp値

セル E1：=F.TEST(A2:A11,B2:B13)/2

セル E2：=F.TEST(A2:A11,B2:B13)

関数 F.TEST()

F.TEST() は等分散性を検定するF検定におけるp値（両側）を計算する。書式は次のとおりである。

```
=F.TEST(第1グループのデータ範囲,第2グループのデータ範囲)
```

分析ツールによる結果

	A	B				F	G
1	A	B			F-検定: 2 標本を使った分散の検定		
2	82	32					
3	57	63				A	B
4	66	44			平均	69.3	61.66667
5	75	74			分散	138.2333	319.8788
6	89	66			観測数	10	12
7	72	52			自由度	9	11
8	67	55			観測された分散比	0.432143	
9	62	40			P(F<=f) 片側	0.109045	
10	49	79			F 境界値 片側	0.322322	
11	74	84					
12		62					
13		89					

F検定の結果

Rの結果

```
        F test to compare two variances

data:  A and B
F = 0.4321, num df = 9, denom df = 11, p-value = 0.2181
alternative hypothesis: true ratio of variances is not equal to 1
95 percent confidence interval:
 0.1204446 1.6905750
sample estimates:
ratio of variances
         0.4321429
```

A.4 一元配置分散分析

Excelに分散分析のための関数は装備されていない。しかし、分析ツールにより、一元配置と二元配置の分散分析は可能であるので、その結果を掲載する。

データ分析

データ

	A	B	C	D	E	F
1	A	y		A1	A2	A3
2	1	1.75	→	1.75	1.12	0.64
3	1	0.63	分析ツール	0.63	0.77	0.47
4	1	0.44	利用のための	0.44	0.3	0.42
5	1	1.74	データの	1.74	1.16	0.74
6	1	1.27	再整理	1.27	0.29	0.56
7	1	1.2		1.2	0.11	1.03
8	1	1.05		1.05	0.06	0.21
9	2	1.12				
10	2	0.77				
11	2	0.3				
12	2	1.16				
13	2	0.29				
14	2	0.11				
15	2	0.06				
16	3	0.64				
17	3	0.47				
18	3	0.42				
19	3	0.74				
20	3	0.56				
21	3	1.03				
22	3	0.21				

一元配置のデータ（A、B列はR用、D～F列は分析ツール用）

分析ツールによる結果

	D	E	F	G	H	I	J
1	A1	A2	A3				
2	1.75	1.12	0.64				
3	0.63	0.77	0.47				
4	0.44	0.3	0.42				
5	1.74	1.16	0.74				
6	1.27	0.29	0.56				
7	1.2	0.11	1.03				
8	1.05	0.06	0.21				
9							
10	分散分析: 一元配置						
11							
12	概要						
13	グループ	標本数	合計	平均	分散		
14	A1	7	8.08	1.1542857	0.251561905		
15	A2	7	3.81	0.5442857	0.218161905		
16	A3	7	4.07	0.5814286	0.067780952		
17							
18							
19	分散分析表						
20	変動要因	変動	自由度	分散	観測された分散比	P-値	F 境界値
21	グループ間	1.637171	2	0.8185857	4.56881 0022	0.024849	3.554557
22	グループ内	3.225029	18	0.1791683			
23							
24	合計	4.8622	20				
25							

一元配置分散分析の結果

Rの結果

```
        One-way analysis of means

data:  y and x
F = 4.5688, num df = 2, denom df = 18, p-value = 0.02485
```

A.5 二元配置分散分析（繰り返しなし）

データ

	A	B	C	D	E	F	G	H
1	A	B	Y			B1	B2	B3
2	1	1	48	→	A1	48	47	54
3	1	2	47	分析ツール	A2	49	50	56
4	1	3	54	利用のための	A3	46	48	51
5	2	1	49	データの	A4	44	45	50
6	2	2	50	再整理				
7	2	3	56					
8	3	1	46					
9	3	2	48					
10	3	3	51					
11	4	1	44					
12	4	2	45					
13	4	3	50					

二元配置のデータ（A～C列はR用、E～H列は分析ツール用）

分析ツールによる結果

	E	F	G	H	I	J	K
1		B1	B2	B3			
2	A1	48	47	54			
3	A2	49	50	56			
4	A3	46	48	51			
5	A4	44	45	50			
6							
7							
8	分散分析: 繰り返しのない二元配置						
9							
10	概要	標本数	合計	平均	分散		
11	A1	3	149	49.66667	14.33333		
12	A2	3	155	51.66667	14.33333		
13	A3	3	145	48.33333	6.333333		
14	A4	3	139	46.33333	10.33333		
15							
16	B1	4	187	46.75	4.916667		
17	B2	4	190	47.5	4.333333		
18	B3	4	211	52.75	7.583333		
19							
20							
21	分散分析表						
22	変動要因	変動	自由度	分散	測された分散比	P-値	F 境界値
23	行	45.33333	3	15.11111	17.54839	0.002251	4.757063
24	列	85.5	2	42.75	49.64516	0.000185	5.143253
25	誤差	5.166667	6	0.861111			
26							
27	合計	136	11				

二元配置分散分析（繰り返しなし）の結果

Rの結果

```
Call:
  aov(formula = Y ~ A+B, data = data3_9)

Terms:
                        A         B  Residuals
Sum of Squares   45.33333  85.50000    5.16667
Deg. of Freedom         3         2          6

Residual standard error: 0.9279607
Estimated effects may be unbalanced
```

```
          Df Sum Sq Mean Sq F value   Pr(>F)
A          3  45.33   15.11   17.55 0.002251 **
B          2  85.50   42.75   49.65 0.000185 ***
Residuals  6   5.17    0.86
---
Signif. codes:  0 '***' 0.001 '**' 0.01 '*'
```

A.6 二元配置分散分析（繰り返しあり）

データ

	A	B	C	D	E	F	G	H	I	J
1	A	B	Y			B1	B2	B3	B4	
2	1	1	26	→	A1	26	28	32	28	
3	1	1	27	分析ツール		27	30	31	29	
4	1	2	28	利用のための	A2	28	30	32	29	
5	1	2	30	データの		27	30	31	29	
6	1	3	32	再整理	A3	30	30	30	30	
7	1	3	31			29	31	31	30	
8	1	4	28							
9	1	4	29							
10	2	1	28							
11	2	1	27							
12	2	2	30							
13	2	2	30							
14	2	3	32							
15	2	3	31							
16	2	4	29							
17	2	4	29							
18	3	1	30							
19	3	1	29							
20	3	2	30							
21	3	2	31							
22	3	3	30							
23	3	3	31							
24	3	4	30							
25	3	4	30							
26										

二元配置のデータ（A～C列はR用、E～I列は分析ツール用）

分析ツールによる結果

	E	F	G	H	I	J	K	L
10	分散分析: 繰り返しのある二元配置							
11								
12	概要	B1	B2	B3	B4	合計		
13	A1							
14	標本数	2	2	2	2	8		
15	合計	53	58	63	57	231		
16	平均	26.5	29	31.5	28.5	28.875		
17	分散	0.5	2	0.5	0.5	4.125		
18								
19	A2							
20	標本数	2	2	2	2	8		
21	合計	55	60	63	58	236		
22	平均	27.5	30	31.5	29	29.5		
23	分散	0.5	0	0.5	0	2.57142857		
24								
25	A3							
26	標本数	2	2	2	2	8		
27	合計	59	61	61	60	241		
28	平均	29.5	30.5	30.5	30	30.125		
29	分散	0.5	0.5	0.5	0	0.41071429		
30								
31	合計							
32	標本数	6	6	6	6			
33	合計	167	179	187	175			
34	平均	27.8333333	29.8333333	31.1666667	29.1666667			
35	分散	2.16666667	0.96666667	0.56666667	0.56666667			
36								
37								
38	分散分析表							
39	変動要因	変動	自由度	分散	観測された分散比	P-値	F 境界値	
40	標本	6.25	2	3.125	6.25	0.01380673	3.885294	
41	列	34.6666667	3	11.5555556	23.1111111	2.8271E-05	3.490295	
42	交互作用	9.08333333	6	1.51388889	3.02777778	0.04845252	2.99612	
43	繰り返し誤差	6	12	0.5				
44								
45	合計	56	23					
46								
47								

二元配置分散分析（繰り返しあり）の結果

Rの結果

```
Call:
  aov(formula = Y ~ A+B, data = data3_10)

Terms:
                        A         B       A:B   Residuals
Sum of Squares    6.25000  34.66667   9.08333     6.00000
Deg. of Freedom         2         3         6          12

Residual standard error: 0.7071068
Estimated effects may be unbalanced
```

```
          Df Sum Sq Mean Sq F value   Pr(>F)
A          2   6.25   3.125   6.250   0.0138 *
B          3  34.67  11.556  23.111 2.83e-05 ***
A:B        6   9.08   1.514   3.028   0.0485 *
Residuals 12   6.00   0.500
---
Signif. codes:  0 '***' 0.001 '**' 0.01 '*' 0.05 '.' 0.1 ' ' 1
```

付録 B

R関連の便利ツール

B.1 Rcmdr（Rコマンダー）

Rには、基本的なシステムに機能を追加できるパッケージが多数ある。その中の1つが、メニュー方式でRによる統計解析やグラフの作成を可能にしてくれる「Rcmdr（Rコマンダー）」である。

ここでは、Rcmdrをインストールする方法を説明する。

最初に、Rの「パッケージ」メニューから「パッケージのインストール」を選ぶ。

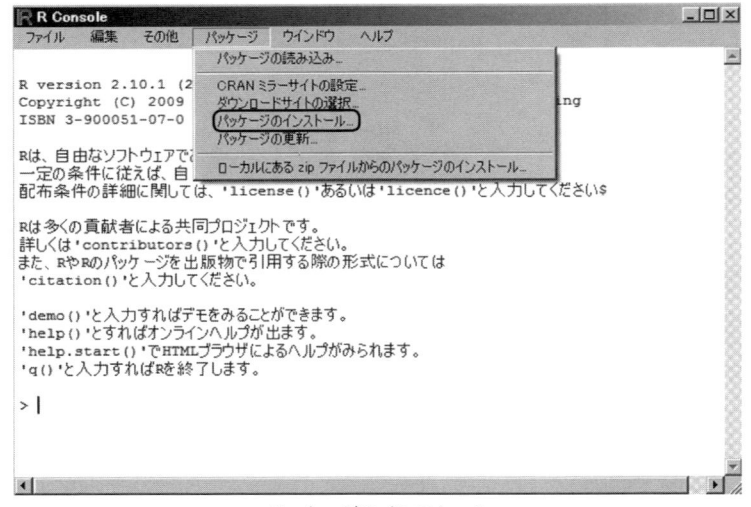

パッケージのインストール

注：このときにインターネットと接続されている状態になっている必要がある。

次のようなCRANのミラーサイトを選ぶための一覧表が表示される。

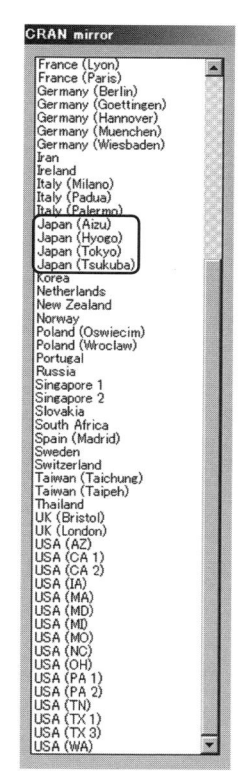

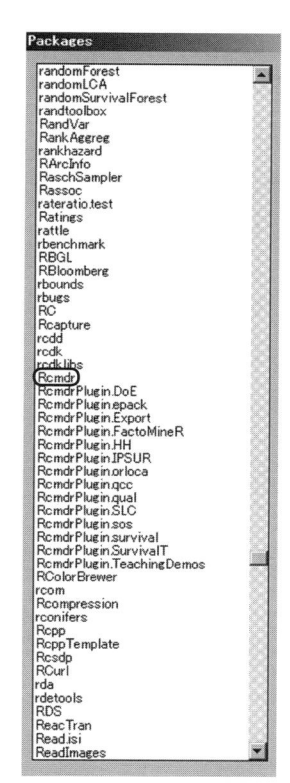

ミラーサイトとパッケージ

　最寄りのミラーサイトを選択して「OK」をクリックする。次に、「Rcmdr」を選択して「OK」をクリックする。
　以上の操作で、インストールが始まる。
　コンソール画面で、「library(Rcmdr)」と入力すると、最初のときだけ（インストールの直後だけ）以下のようなメッセージが表示される。

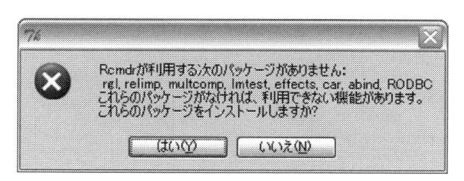

インストール直後のメッセージ

「はい」を選択すると、パッケージがインストールされる。インストールが完了すると、Rcmdr が使える状態になる。ちなみに、「RcmdrPlugin.HH」というパッケージもインストールしておくと、便利な機能が追加される。

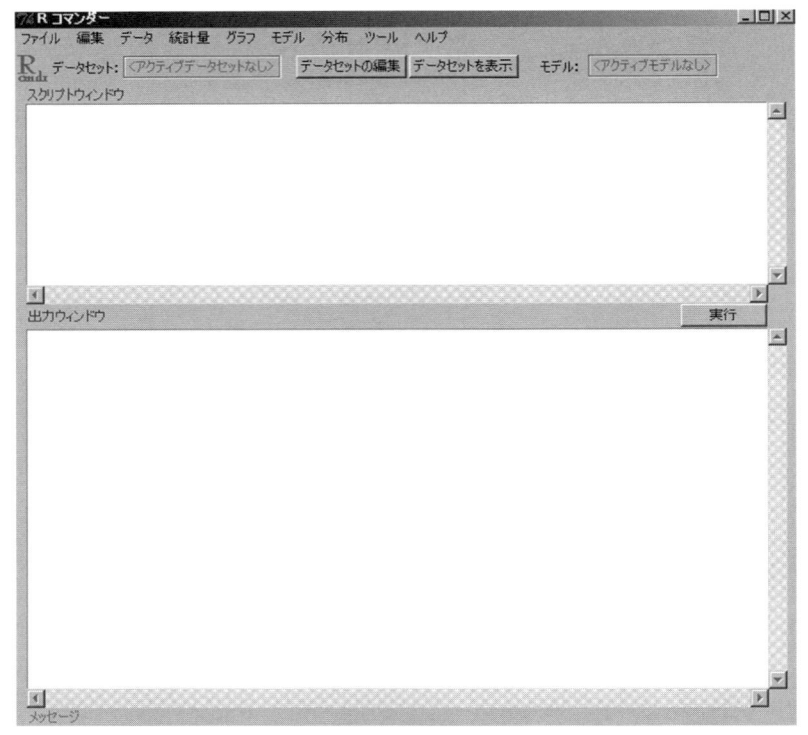

Rcmdr の初期画面

B.2　RExcel

　Excelとの連携がしやすくなるパッケージが「RExcel」である。このパッケージは、Rの「パッケージ」メニューから「パッケージのインストール」を選び、「RExcelInstaller」を選択して、ダウンロードする。
　RExcelを導入すると、次のようにExcelのメニュー上にRとの連携が便利になる機能やRコマンダーのメニューが追加される。

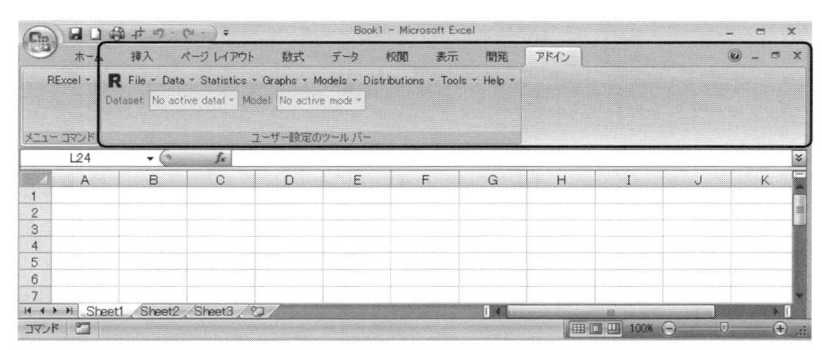

R コマンダーのメニュー

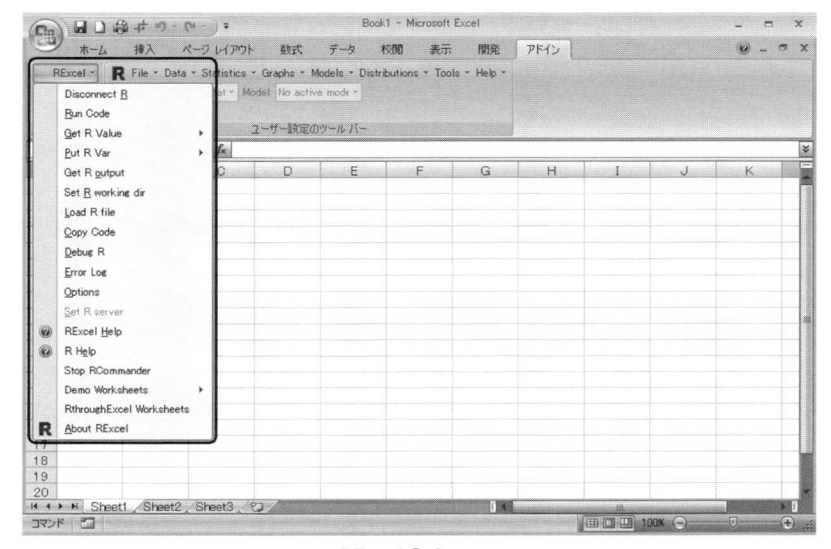

RExcel のメニュー

付録 C

R を用いた
シミュレーション的学習

C.1 正規乱数

Rには母集団分布が正規分布に従う乱数を生成する関数がある。このような乱数は正規乱数と呼ばれるもので、rnorm() という関数で生成することができる。rnorm() は母集団が平均0、標準偏差1の正規分布に従う乱数を生成する。この乱数を使って、検定のシミュレーションを実施することが可能となるので、本節で紹介していくことにする。

最初に、rnorm() の使い方と性質を見ていくことにしよう。

データを1000個生成したいときは、次のように入力する。

```
> x <- rnorm(1000)
```

次に、平均60、標準偏差10の正規乱数を生成したいときには、次のように変数変換を行う。

```
> x <- rnorm(1000)
> m <- 60
> s <- 10
> y <- x*s+m
```

これで、変数yに平均60、標準偏差10の正規分布に従う母集団から抜き取られたデータが1000個生成されている。このデータ（乱数）の基本的な統計量を求めると次のようになっている。

```
> mean(y)
[1] 60.0966
> var(y)
[1] 89.23583
> sd(y)
[1] 9.446472
> summary(y)
   Min. 1st Qu.  Median    Mean 3rd Qu.    Max.
  27.23   54.10   60.32   60.10   66.45   92.24
```

平均値：　60.0966
分散：　　89.23583

標準偏差：9.446472
最小値： 27.23
最大値： 92.24
25％点： 54.10
75％点： 66.45
中央値： 60.32

このデータをヒストグラムを使って視覚化すると、次のような結果が得られる。

```
> hist(y)
```

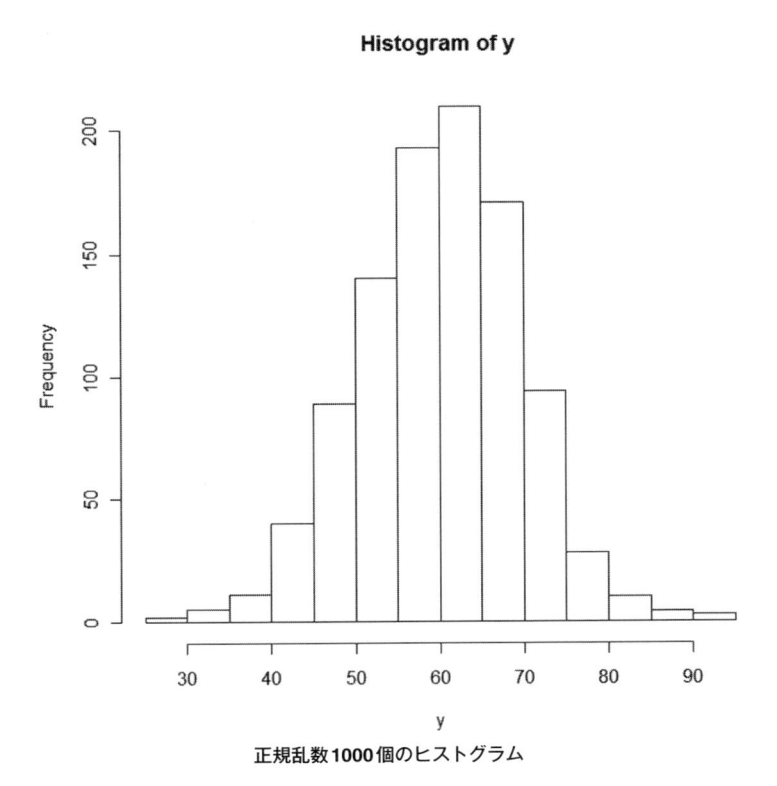

正規乱数1000個のヒストグラム

箱ひげ図を使って視覚化すると、次のような結果が得られる。

```
> boxplot(y)
```

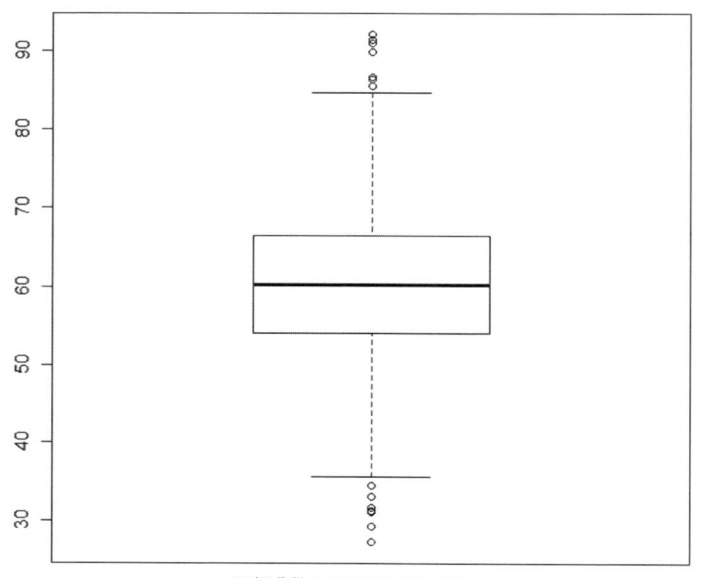

正規乱数1000個の箱ひげ図

ここで、正規性の検証をしてみよう。Q-Qプロットと呼ばれる視覚的手法とシャピロ-ウィルク（Shapiro-Wilk）の検定を用いることにする。

まず、シャピロ-ウィルクの検定結果は次のようになる。

```
> shapiro.test(y)

        Shapiro-Wilk normality test

data:  y
W = 0.9972, p-value = 0.07463
```

p値が0.07463と得られており、有意ではない。したがって、正規性を否定するデータではないという結論になる。

Q-Qプロットは次のようになる。

```
> qqnorm(y)
```

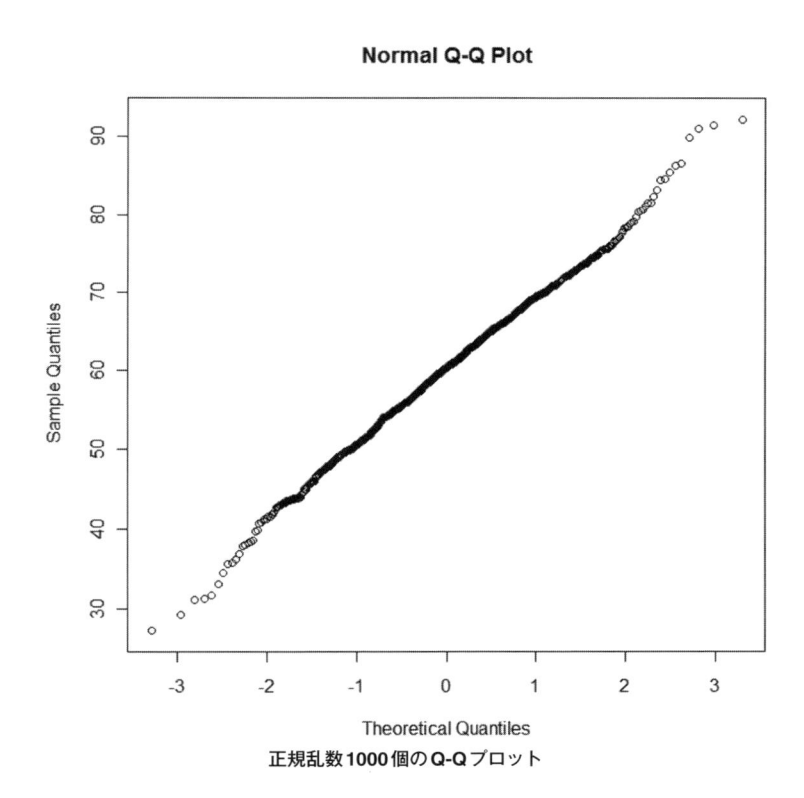

Normal Q-Q Plot

正規乱数1000個のQ-Qプロット

　Q-Qプロットでは、右上がりに散らばる点がほぼ直線的であれば、正規分布と見なすことができる。

C.2 検定のシミュレーション

ここでは、正規乱数を使って2つの平均値の差の検定を実践してみたい。

まず、2つの母集団AとBを想定する。母集団Aのデータは、母平均40、標準偏差5の正規分布、母集団Bのデータは、母平均45、母標準偏差5の正規分布に従っているものとする。そして、Aから20個、Bから20個データを抜き取ってきたという状況を想定する。

正規乱数の生成

```
> d1 <- rnorm(20)
> d2 <- rnorm(20)
> mean1 <- 40
> sd1 <- 5
> mean2 <- 45
> sd2 <- 5
> A <- d1*sd1+mean1
> B <- d2*sd2+mean2
```

Aの20個のデータは次のように生成されている。

```
> A
49.18764  43.79901  34.10668  37.44336  45.15004
40.43116  41.21703  38.18031  38.13635  27.71077
38.32728  43.88536  45.65795  40.92247  39.38735
49.18948  44.35736  41.70794  48.72623  37.60149
```

Bの20個のデータは次のように生成されている。

```
> B
36.23243  50.16589  51.39617  38.10151  44.68829
41.11402  50.50488  34.97935  48.53219  40.19553
51.18158  39.01585  48.41186  47.72560  48.87374
44.50694  44.37524  45.50316  43.44697  39.06472
```

基本的な統計量

それぞれの基本的な統計量を求めると次のようになっている。

```
> mean(A)
[1] 41.25626
> var(A)
[1] 28.10167
> sd(A)
[1] 5.301101
> mean(B)
[1] 44.4008
> var(B)
[1] 26.99863
> sd(B)
[1] 5.196021
```

この結果を一覧表にすると、次のようになる。

基本統計量

	A	B
平均値	41.25626	44.4008
分散	28.10167	26.99863
標準偏差	5.301101	5.196021

正規性の確認

各グループの正規性を確認するために、シャピロ-ウィルクの検定を適用する。Aグループは次のようになる。

```
> shapiro.test(A)

        Shapiro-Wilk normality test

data:  A
W = 0.9504, p-value = 0.3736
```

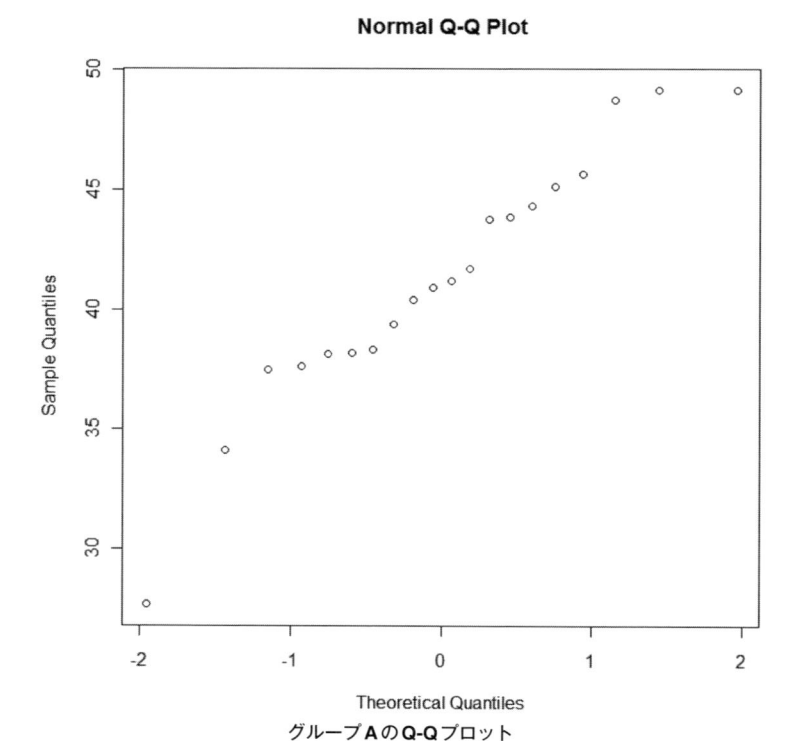

Bグループは次のようになる。

```
> shapiro.test(B)

        Shapiro-Wilk normality test

data:  B
W = 0.9382, p-value = 0.2220
```

Aのデータのp値は0.3736、Bのデータのp値は0.2220となっており、検定の結果は有意でない。すなわち、どちらも正規性は否定されていない。

各グループのQ-Qプロットを作成する。Aグループは次のようになる。

```
> qqnorm(A)
```

Normal Q-Q Plot

グループAのQ-Qプロット

Bグループは次のようになる。

```
> qqnorm(B)
```

Normal Q-Q Plot

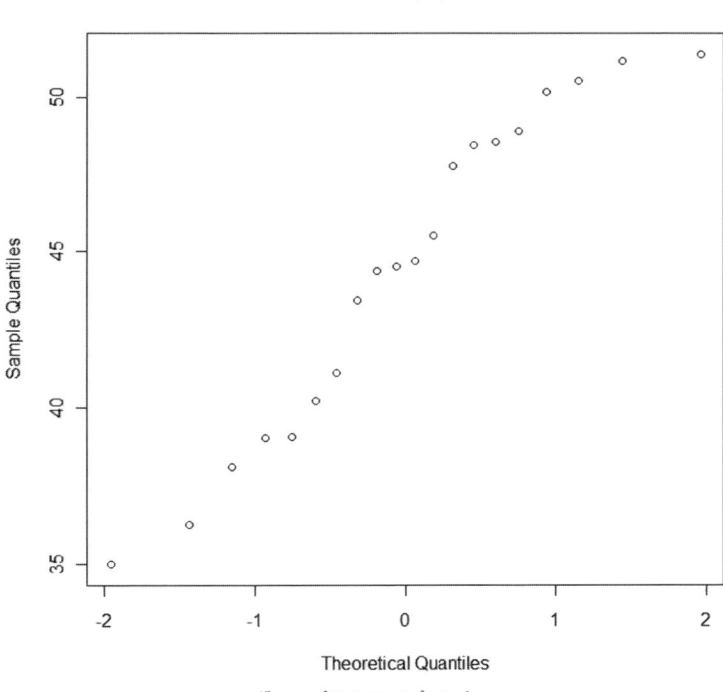

グループBのQ-Qプロット

等分散性の検定

2つのグループの母分散が等しいかどうかを検定する。想定では、どちらのグループの母分散も52としている。

```
> var.test(A, B, alternative="two.sided")

        F test to compare two variances

data:  A and B
F = 1.0409, num df = 19, denom df = 19, p-value = 0.9314
alternative hypothesis: true ratio of variances is not equal to 1
95 percent confidence interval:
 0.4119832 2.6296696
sample estimates:
ratio of variances
          1.040855
```

p値は0.9314となっており、有意でない。すなわち、2グループの母分散に違いがあるとはいえないという結論が得られる。

2つの平均値の差の検定

AグループとBグループの母平均に差があるかどうかを検定する。等分散性の検定で、母分散に違いがあることはいえないという結論が得られているので、等分散を仮定したt検定を用いることにする。

```
> t.test(A, B, paired=F, alternative="two.sided", var.equal=T)

        Two Sample t-test

data:  A and B
t = -1.8945, df = 38, p-value = 0.06579
alternative hypothesis: true difference in means is not equal to 0
95 percent confidence interval:
 -6.5046711  0.2156041
sample estimates:
mean of x mean of y
 41.25626  44.40080
```

p値は0.06579となっており、有意でない。すなわち、2グループの母平均に違いがあるとはいえないという結論が得られる。

想定では、Aの母平均は40、Bの母平均は45であったが、その集団から抜き取ってきたデータであっても、必ず有意になるとは限らないことを示している。

検出力の計算

検出したい母平均の差が5、標本サイズ$n_A = n_B = 20$、母標準偏差$\sigma_A = \sigma_B = 5$が、想定している状況である。このときの検出力を計算してみると、次のような結果が得られる。

```
> power.t.test(n=20, delta=5, sd=5, sig.level=0.05, type="two.sample",
+ alternative="two.sided")

     Two-sample t test power calculation

              n = 20
          delta = 5
             sd = 5
      sig.level = 0.05
          power = 0.8689528
    alternative = two.sided

NOTE: n is number in *each* group
```

検出力は0.8689528と求められている。この数値は、先のシミュレーションを100回行ったとすれば、おおよそ86回は有意になるであろうということを意味している。

以上のシミュレーションが、正規乱数を使った検定手法の学習例である。

付録 **D**

Rによるブートストラップ法と区間推定

D.1 リサンプリング法による標準誤差の推定

リサンプリング法

母平均、母分散、母相関係数といった母数の値は、1つのデータセットから推定されるので、データセットが異なれば、母数の推定値も異なるものとなる。そこで、推定値のばらつきの大きさを把握する必要がある。このための数値を標準誤差という。標準誤差は理論的に導かれた数学的公式から求めることができるが、実際のデータは理論どおりの状況にあるとは限らない。そこで、手元にあるデータを使って標準誤差を把握する方法が考えられた。この方法として、リサンプリング (Resampling) 法と呼ばれる方法が提案されている。リサンプリング法の代表的な手法として、ジャックナイフ (Jackknife) 法とブートストラップ (Bootstrap) 法がある。

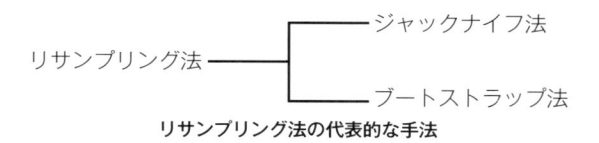

```
                    ┌── ジャックナイフ法
リサンプリング法 ──┤
                    └── ブートストラップ法
```
リサンプリング法の代表的な手法

ジャックナイフ法

n 個のデータを使って、ある母数の推定値 θ_n を計算したとする。第 i 番目のデータを除いた $(n-1)$ 個のデータを使って計算される推定量を $\theta_{n-1}(i)$ とし、次に示すような θ_i を定義する。

$$\theta_i = n \times \theta_n - (n-1) \times \theta_{n-1}(i) \quad (i = 1 \sim n)$$

この θ_i を擬似値と呼んでいる。ジャックナイフ法の狙いは、推定値 θ_n の標準誤差を擬似値の標準偏差で把握することにある。なお、擬似値 θ_i の平均値を推定値 θ_n のジャックナイフ推定値と呼んでいる。

ブートストラップ法

　n個のデータがあるときに、このデータからn個を無作為に復元抽出する（同じデータが選ばれてもよい）。次に、その標本を使って、注目している母数の推定値θを計算する。それをk回繰り返すと、推定値θがk個得られる。そこで、このk個のθ_i $(i = 1 \sim k)$から、推定値θのばらつきの大きさを調べようとするものである。この方法のイメージを次の図に示す。

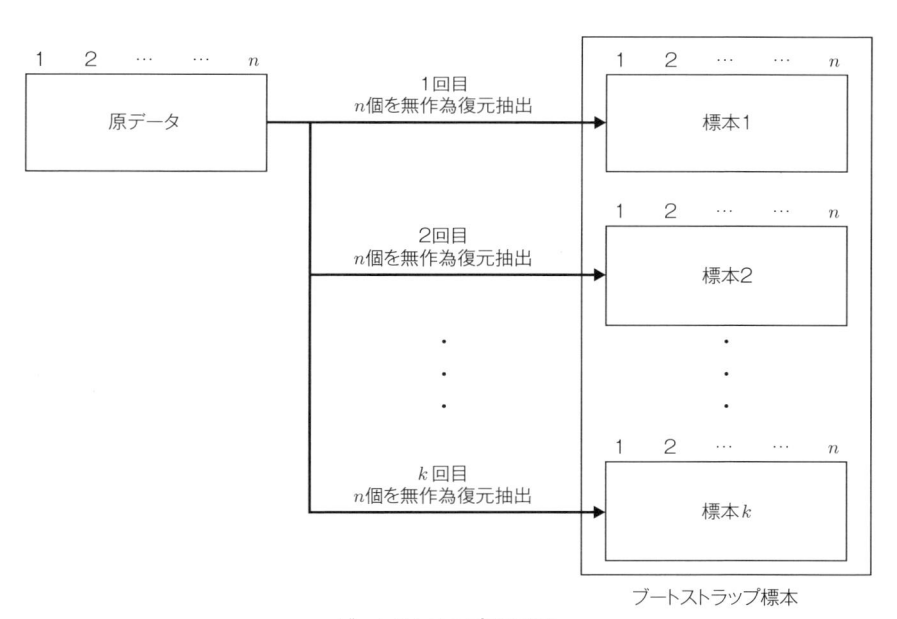

ブートストラップ法の概念

　繰り返し回数kは1000から10000が使われることが多い。

D.2 ブートストラップ法の実際

例題1：ブートストラップ法による区間推定

次に示すような20個のデータがあるとしよう。このデータを使って、ブートストラップ法による母平均の95％信頼区間を求める方法を解説する。

```
98 78 79 77
72 83 80 67
74 82 81 81
41 64 79 74
68 83 51 98
```
原データ

今、この原データから無作為に20個のデータを復元抽出することを考える。それを標本1として、標本1の平均値を求める。再び、原データから20個のデータを無作為に復元抽出して、それを標本2として、標本2の平均値を求める。このような作業を1000回繰り返すと、1000個の標本が作成され、平均値も1000個求められる。この1000個の平均値の標準偏差を計算して、その値を平均値のばらつき（標準誤差）と見なそうというのがブートストラップ法の考え方である。

では、以下に1000個のブートストラップ標本を生成する実施例を示す。

Rによるブートストラップ法

```
> x <- c(98,72,74,41,68,78,83,82,64,83,79,80,81,79,51,77,67,81,74,98)
> xboot.samp <- numeric(1000)
> for(i in 1:1000){
+   xboot <- sample(x, 20, replace=T)
+   xboot.samp[i] <- mean(xboot)
+ }
> quantile(xboot.samp, c(0.025,0.975))   ◀── パーセンタイルを求める関数
 2.5%   97.5%
69.35   81.05
```

```
> mean(xboot.samp)
[1] 75.6264
> sd(xboot.samp)
[1] 2.905586
```

「平均値の標準偏差」（標準誤差）は2.905586、95％信頼区間は69.35〜81.05と求められている。

ブートストラップ標本の1000個の平均値をヒストグラムで表現すると、次のようになる。

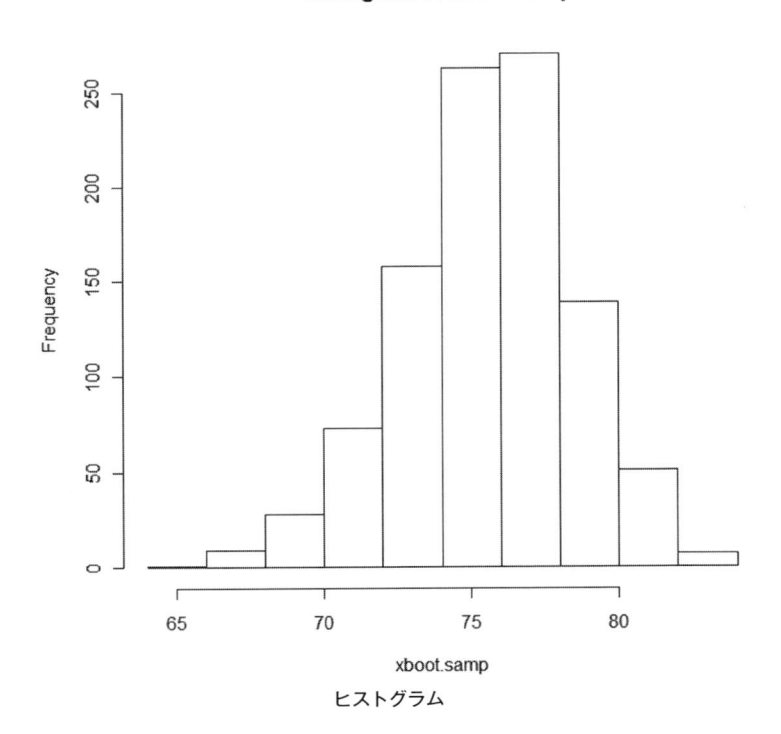

Histogram of xboot.samp

ヒストグラム

パラメトリック・ブートストラップ法

　ブートストラップ法の別な方法として、正規乱数を使う方法がある。この原データの平均値と標準偏差は次のような値となる。

```
> x <- c(98,72,74,41,68,78,83,82,64,83,79,80,81,79,51,77,67,81,74,98)
> m <- mean(x)
> s <- sd(x)
> m
[1] 75.5
> s
[1] 13.27641
```

　　平均値：　75.5
　　標準偏差：13.27641

　そこで、平均値 = 75.5、標準偏差 = 13.27641の正規乱数を20個発生させて、1つの標本を生成する。この作業を1000回繰り返すことで、1000個のブートストラップ標本が生成され、平均値も1000個求められ、母平均の95%信頼区間を求めることができる。正規乱数を使うこのようなブートストラップ法はパラメトリック・ブートストラップ法と呼ばれている。次にRによる実施例を示す。

```
> x <- c(98,72,74,41,68,78,83,82,64,83,79,80,81,79,51,77,67,81,74,98)
> m <- mean(x)
> s <- sd(x)
> n <- 20
> xboot.samp <- numeric(1000)
> for(i in 1:1000){
+   xboot <- rnorm(n)*s+m
+   xboot.samp[i] <- mean(xboot)
+ }
> quantile(xboot.samp, c(0.025,0.975))
    2.5%     97.5%
69.34167  81.65887
> mean(xboot.samp)
[1] 75.35837
```

```
> sd(xboot.samp)
[1] 3.120452
```

「平均値の標準偏差」(標準誤差) は 3.120452、95％信頼区間は 69.34167〜81.65887 と求められている。

ブートストラップ標本の 1000 個の平均値をヒストグラムで表現すると、次のようになる。

Histogram of xboot.samp

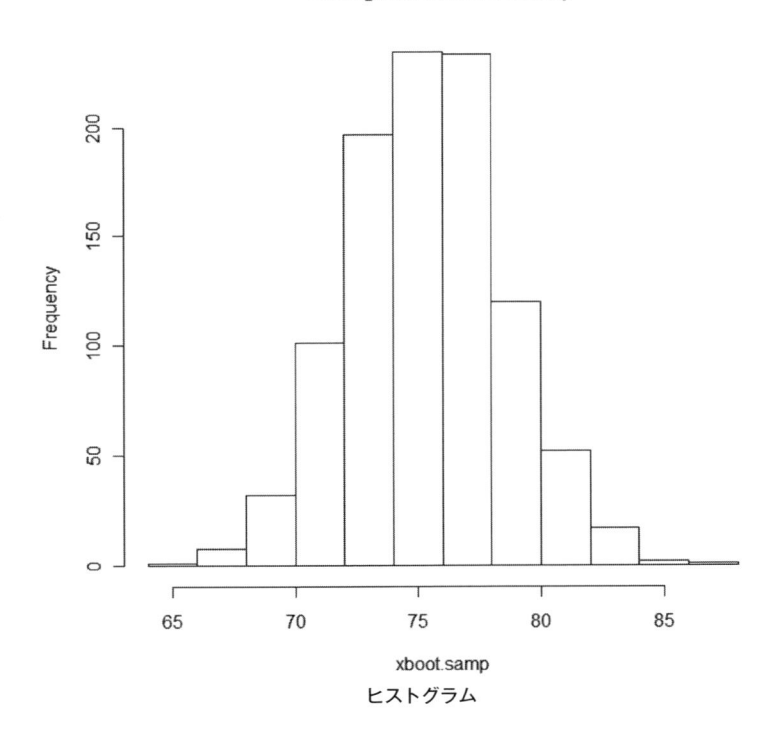

ヒストグラム

Rには、ブートストラップ法を実施するためのパッケージとして、boot、simpleboot、bootstrap などがある。いずれも CRAN ミラーサイトからダウンロードできる。

索引

記号・数字

- ;（セミコロン） 15
- <-（代入記号） 13
- 1次元散布図 37
- 95%信頼区間 26

A

- ansari.test() 116
- aov()
  - summary() 73, 79
  - 一元配置分散分析 120
  - ダネット法 129
  - テューキーのHSD法 124
  - 二元配置分散分析（繰り返しあり）.. 76, 79
  - 二元配置分散分析（繰り返しなし）.. 70, 73
- apropos() 116
- axis() 52

B

- barplot() 94
- bartlett.test() 62
- binom.test() 33, 86, 87
- bootstrapパッケージ 187
- bootパッケージ 187
- boxplot() 62

C

- c() 13
- cbind() 111
- chisq.test() 94, 96
- cor() 82, 83
- cor.test() 82, 83
- CRAN 2
- csvファイル 17

D

- data.frame() 15

E

- Excelによる検定 148
- Excelファイル 18

F

- F.TEST() 153
- fisher.test() 112
- fligner.test() 116
- friedman.test() 111
- F検定 57
  - Excelでの実施 153

G

- getwd() 16
- glht() 129
- gplotsパッケージ 66

H

- hist() 171

I

- interaction.plot() 71

K

- kruskal.test() 108

L

- library() 8
- list() 109

M

- matplot() 52
- matrix() 94
- mcnemar.test() 113
- mean() 19, 37
- mood.test() 107

O

- oneway.test() 65, 67, 120

P

- pairwise.t.test()
  - ホッチバーグ法 127
  - ホメル法 127
  - ホルム法 126
  - ボンフェローニ法 126
- plot() 82
- plotmeans() 66
- power.anova.test() 143
- power.prop.test() 144
- power.t.test() 136, 137
- prop.test() 90
- p値 25

Q

- Q-Qプロット 173
- qqnorm() 173
- quade.test() 116

R

- R 2
  - インストール 2
  - 関数一覧 116
  - コンソール 6
- rbind() 110
- Rcmdr 164
- read.csv() 17
- read.xlsx() 18
- RExcel 167
- rnorm() 170
- Rコマンダー 164

S

- sd() 14, 37
- setwd() 16
- shapiro.test() 115
- simplebootパッケージ 187
- str() 70
- stripchart() 37
- summary() 14, 19, 120, 129

T

- T.TEST() 148, 151
- t.test()
  - 1サンプルのt検定 36, 38
  - 2つのサンプルのt検定 41, 43
  - ウェルチの検定 46, 48
  - 対応のあるt検定 51, 53
- TukeyHSD() 124
- t検定 32
  - 1サンプルのt検定 36
  - 2つのサンプルのt検定 41
  - Excelでの実施 148, 151
  - 検出力 136, 138, 140
  - 対応のあるt検定 51
  - 例数 137, 138, 141

V

- var() 14
- var.test() 57, 58

W

wilcox.test()
 ウィルコクスンの順位和検定 102
 ウィルコクスンの符号つき順位検定 .. 105

X

xlsx パッケージ 9, 19
xlsx ファイル 18

Z

z 検定 31

あ

アンサリー-ブラッドレー検定 116

い

一元配置分散分析 64, 118
 Excel での実施 155
 検出力 142
 例数 143
一般線形仮説 129
因子変数 71

う

ウィルコクスンの順位和検定 99
ウィルコクスンの符号つき順位検定 99
ウェルチの検定 46

お

折れ線グラフ 71

か

カイ 2 乗検定 94, 112
過誤 25, 132
仮説 23
仮説検定 22
 論理 24

索引 191

片側仮説 24
カンマ区切りファイル 17

き

帰無仮説 24

く

クェード検定 116
区間推定 25
クラスカル-ウォリス検定 99
クロス集計表 93
 データの読み込み 94
 マクネマー検定 111

け

計数値 28
計量値 28
検出力 25, 132
 計算 133
 検定のシミュレーション 179
検定 22
 シミュレーション 174
 手法の選択 27
 種類 26
 役割 22
検定力 25
ケンドールの順位相関係数 83, 100

さ

作業ディレクトリ 16
散布図 82
サンプル 22

し

ジャックナイフ法 182
シャピロ-ウィルク検定 114, 172, 175
順位相関係数 100

信頼率 26

す
スティール-ドゥワス法 123
スティール法 123
スピアマンの順位相関係数 83, 100

せ
正確確率検定 29, 112
正規近似法 89
正規性 175
正規分布
　検定手法 26
正規乱数 170
　生成 174
　ブートストラップ法での利用 186
セミコロン (;) 15
線グラフ 52

そ
相関係数 82, 84

た
第1種の過誤 25, 132
第2種の過誤 25, 132
「タイがある」 103
代入記号 (<-) 13
対立仮説 24
多重比較 121
　手法 121
　分散分析と〜 118
ダネット法 123

ち
直接確率計算法 86

つ
積み上げ棒グラフ 94

て
データ
　性質による分類 28
　測定の尺度による分類 28
データの入力 13
データフレーム 15
　Excelファイルの読み込みによる作成 .. 18
　カンマ区切りファイルの読み込みによる
　　作成 17
　基本的な統計量の計算 19
　ベクトルの結合による作成 15
テューキーのHSD法 122
テューキーのWSD法 122

と
統計量 23
独立性の検定 94, 112
ドットプロット 37

に
二元配置分散分析
　Excelでの実施 157, 159
　繰り返しあり 75
　繰り返しなし 69
二項検定 33

の
ノンパラメトリック法 98
　検定の種類 99
　適用場面 98

は
バートレットの検定 61
箱ひげ図 62

パッケージ	6
インストール	6
インストール時の警告メッセージ	10
パラメトリック・ブートストラップ法	186

ひ	
ピアソンの相関係数	83, 100
ヒストグラム	171
標準偏差の算出	14
標本	22

ふ	
ブートストラップ法	183
フリードマン検定	100
フリグナー-キリーン検定	116
分割表	93
分散の算出	14
分散分析表	67, 73, 79, 119

へ	
平均値プロット	66
平均の算出	19
変数への代入	13

ほ	
棒グラフ	94
母集団	22
母数	23
母相関係数	23
検定手法	27
推定	82
ホッチバーグ法	127
母標準偏差	23
母分散	23
検定手法	27
検定のシミュレーション	178

母平均	23
検定手法	26
検定の検出力	133
検定のシミュレーション	178
ホメル法	127
ホルム法	122
母割合	
検定手法	27
検定の検出力	144
検定の例数	145
ボンフェローニ法	122

ま	
マクネマー検定	111
マン-ホイットニーのU検定	99

む	
無相関の検定	81
ムッド検定	99

ゆ	
有意確率	25
有意水準	25
有意性検定	22

よ	
要約統計量の算出	14, 19

り	
リサンプリング法	182
両側仮説	24

例題索引

数字
1つの平均値 36
1つの母割合 86
2つのグループ（対応あり）の差 50
2つのグループの分散比較 56
2つの中心位置の比較 101
3つ以上のグループの母分散比較 60

英字
Excelに入力したデータの読み込み 18
t検定（対応あり）の検出力 140
t検定（対応あり）の例数 141
t検定（対応なし）の検出力 138
t検定（対応なし）の例数 138
t検定の検出力 136
t検定の例数 137

あ行
一元配置分散分析 64
一元配置分散分析の検出力 142
一元配置分散分析の例数 143

か行
クロス集計表 93
計算して変数xに代入 13

さ行
順位の一致性に関する検定 109
数式を変数yに代入 13
正規性の検定 114

た行
対応があるときの2つの
　中心位置の比較 104
ダネット法による多重比較 128
データに対応があるときの
　2×2クロス集計表 111
データの入力方法 14
データフレーム内の平均の算出 19
データフレーム内の要約統計量の
　算出 19
テューキーのHSD法による
　多重比較 124

な行
二元配置分散分析（繰り返しあり） 75
二元配置分散分析（繰り返しなし） 69

は行
ばらつきの比較 106
標準偏差と分散の算出 14
ブートストラップ法による区間推定 184
変数名のないデータの読み込み 17
母分散が異なる2つのグループの
　母平均比較 45
母分散が等しい2つのグループの
　母平均比較 40
母平均と基準値との比較 30
母割合の差 89
母割合の比較 32
ボンフェローニ法とホルム法による
　多重比較 125

ま行
無相関の検定 81

や行
要約統計量の算出 14

わ行
割合の差に関する検定の検出力 144
割合の差に関する検定の例数 145

〈著者略歴〉

内田　治（うちだ　おさむ）
東京情報大学環境情報学科准教授
東京農業大学兼任講師
専門：統計的データ解析
現在に至る

〈主な著書〉
『SPSSによるロジスティック回帰分析』（オーム社 2011.3）
『すぐわかる EXCEL によるアンケートの調査・集計・解析』（東京図書 2002.6）
『すぐわかる EXCEL による品質管理』（東京図書 1998.2）
『例解 データマイニング入門』（日本経済新聞社 2002.10）
『ビジュアル 品質管理の基本』（日本経済新聞社（日経文庫）2001.5）

西澤 英子（にしざわ　ひでこ）
アイ・エム・エス・ジャパン株式会社 統計・高度解析部
業務内容：医薬品関連の市場データを提供する調査会社。
職務内容：提供するデータ製品の調査設計、及びプログラム開発を担当。
前勤務先：エス・ピー・エス・エス株式会社（現日本IBM）：統計解析ソフト SPSSとデータマイニングソフトClementineの顧客向けトレーニングを担当。

〈主な著書〉
『すぐわかるSPSSによる分散分析』
　　（東京図書、内田治・牧野泰江・西澤英子 共著 2007.11）

- 本書の内容に関する質問は、オーム社開発部「Rによる統計的検定と推定」係宛、E-mail（kaihatu@ohmsha.co.jp）または書状、FAX（03-3293-2825）にてお願いします。お受けできる質問は本書で紹介した内容に限らせていただきます。なお、電話での質問にはお答えできませんので、あらかじめご了承ください。
- 万一、落丁・乱丁の場合は、送料当社負担でお取替えいたします。当社販売管理課宛お送りください。
- 本書の一部の複写複製を希望される場合は、本書扉裏を参照してください。
[JCOPY] ＜（社）出版者著作権管理機構 委託出版物＞

Rによる統計的検定と推定

平成 24 年 5 月 25 日　　第 1 版第 1 刷発行

著　　者　内田　治・西澤英子
企画編集　オーム社 開発局
発行者　　竹生修己
発行所　　株式会社 オーム社
　　　　　郵便番号　101-8460
　　　　　東京都千代田区神田錦町3-1
　　　　　電話　03(3233)0641（代表）
　　　　　URL　http://www.ohmsha.co.jp/

© 内田 治・西澤英子 2012

組版　トップスタジオ　　印刷・製本　壮光舎印刷
ISBN978-4-274-06878-2　Printed in Japan

好評関連書籍

Rによるやさしい統計学
山田剛史・杉澤武俊
村井潤一郎 共著

A5判 420頁
ISBN 978-4-274-06710-5

Rによる計量経済学
秋山 裕 著

A5判 340頁
ISBN 978-4-274-06748-8

Rによる計算機統計学
Maria L. Rizzo 著
石井 一夫・村田真樹 共訳

A5判 464頁
ISBN 978-4-274-06830-0

Rによる統計解析
青木繁伸 著

A5判 336頁
ISBN 978-4-274-06757-0

Rで学ぶデータマイニングI
データ解析編

熊谷悦生・舟尾暢男 共著

B5変判 264頁
ISBN 978-4-274-06746-4

Rで学ぶデータマイニングII
シミュレーション編

熊谷悦生・舟尾暢男 共著

B5変判 264頁
ISBN 978-4-274-06747-1

Rで学ぶクラスタ解析
新納浩幸 著

A5判 224頁
ISBN 978-4-274-06703-7

商品企画のための統計分析
Rによるヒット商品開発手法

神田範明 監修
石川朋雄・小久保雄介
池畑政志 共著

A5判 224頁
ISBN 978-4-274-06752-5

◎品切れが生じる場合もございますので、ご了承ください。
◎書店に商品がない場合または直接ご注文の場合は下記宛にご連絡ください。
TEL.03-3233-0643 FAX.03-3233-3440 http://www.ohmsha.co.jp/